世界彩繪

收錄 730 種特色主題塗裝

飛機圖鑑

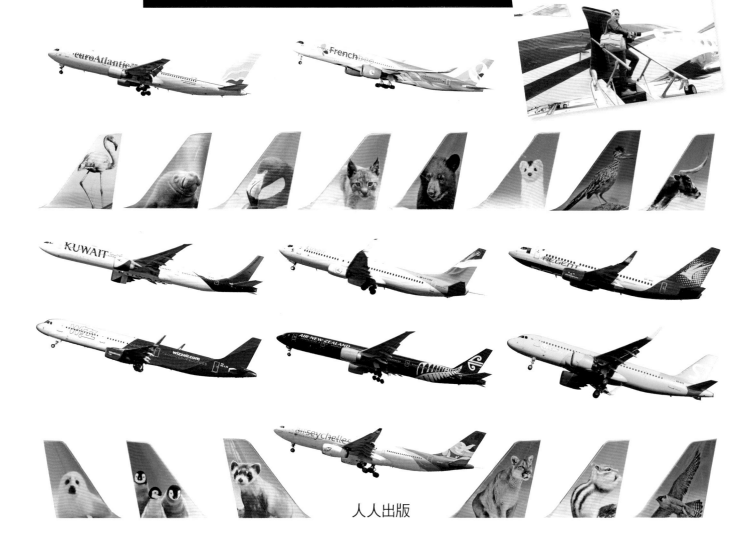

人人出版

世界彩繪飛機圖鑑

收錄730種特色主題塗裝

C o n

t e n t s

欣賞、拍攝、收集
機身彩繪的世界
樂趣無窮！

■ 機身彩繪是客機最吸睛之處

相信每位小朋友，尤其是男孩子，應該都有過一段特別喜歡交通工具的時期。我小時候對於汽車或鐵道的興趣和其他人差不多，但對飛機特別感興趣，而且只鍾情於客機。最初的契機是我小學高年級時在羽田機場拍到的客機。在那之後，我想要拍更多不一樣的客機，於是國中時會去伊丹、福岡等日本國內的機場，高中時則前往成田機場觀看、拍攝世界各國的飛機，完全沉浸在這項興趣之中。二十多歲去到美國後，我更是只以拍攝各種不同客機的機身彩繪為目的，往來於世界各地。

光是目前現有的客機，就存在數百種塗裝設計。單純欣賞箇中差異，拍攝收藏，都

充滿了樂趣。

　　從世界各國飛機川流不息的成田機場，到近來國際線航班增多的羽田機場，以及中部國際機場、關西機場等，只要去到國際機場就能看到許多國外航空公司的飛機，實在是件開心的事。舉例來說，印度航空在飛機窗戶周圍漆上了泰姬瑪哈陵風的邊框，並用令人聯想到咖哩的橘色表現出印度的特色；美國航空飛機的垂直尾翼則採用星條旗的配色，讓人強烈感受到「This is America」；澳洲航空飛機的紅色垂直尾翼則彷彿跳上了一隻象徵澳洲的袋鼠。望著這些塗裝充滿異國風情的飛機飛上天空，思緒似乎也一起飛到了那個國家。如果是曾經去過的國家，相信心頭會不禁浮現出當地的景色；若是沒去過的國家，也會好奇「不知道那裡是什麼樣子？希望可以去看看……。」

　　我就是因為深受客機的機身彩繪吸引，所以將辦公室設在成田機場的跑道附近。每天觀看國外的客機已成了我生活的一部分，如果看到義大利航空的飛機，會心想「搭上那班飛機的話，大概12個小時後就會到羅馬或米蘭吧？」眼前彷彿出現義大利的景色。有時也會看到罕見的特別航班，訝異著「咦？為什麼會有平時看不到的飛機出現？」因此就算已經看了飛機很多年，也完全不會膩，攝影時仍舊充滿新鮮感。

隨時代演進的機身彩繪

　　萊特兄弟在1903年首次成功飛上了天空。1913年時，美國出現了全世界第一家航空公司，之後在1919年分別有荷蘭皇家

航空及哥倫比亞航空成立，1921年則誕生了澳洲航空。但當時只是在機身上標出公司名稱，尚未發展至透過機身彩繪表現航空公司形象的地步。直到1936年DC-3首航時，各家航空公司才開始有不同的設計，藉由在機身塗上公司的代表色及標誌做出區隔。

這些設計也和時裝一樣有所謂的流行趨勢。塗裝的技術、全世界的品味潮流、用色或是飛航國家的國情是否穩定等，各種因素都會反映在機身彩繪上。有些公司的設計重視傳統，有些公司則大膽做出改變，換上讓人耳目一新的塗裝與企業識別色，我們便可以從中解讀當時的時空背景、航空公司的定位及行銷等。

例如，日本航空自1970年波音747加入服

役後，長年以來垂直尾翼上都是「鶴丸」圖案，但由於2002年與日本佳速航空合併為表現嶄新的企業形象，改採象徵太陽的弧形塗裝，鶴丸因此從機身上消失。但後來日本航空因財務惡化而破產重組，2011年時迎來了鶴丸標誌回歸，其中蘊含著從原點重新出發、整頓經營的意義。

由此可知，航空公司的標誌及客機的機身彩繪是表現企業識別的重要元素之一，也是航空公司經營策略中重要的一環。不過放眼世界各地，航空公司的收購、合併可說是家常便飯，因此也有可能採折衷雙方原本特色的設計，或甚至沿用遭併購方的設計等，企業識別其實是由各種不同因素所決定的。想像其背後的故事也是一種樂趣。

拍攝飛機令人著迷不已

　　喜歡飛機的人可以透過搭飛機、拍攝照片、收集飛機模型或自己動手做模型、收集相關商品等各種方式滿足自己的愛好。其中，和搭飛機同樣在全世界擁有廣大愛好者的，大概就是專門拍攝機身編號與塗裝（機身彩繪）的飛機攝影了。

　　就像每輛汽車都有車牌一樣，飛機也有各自的編號，全世界每一架現役飛機的編號都是獨一無二的。日本的飛機一定是「JA」開頭，後面接數字與英文字母的編號；美國的飛機則會以「N」開頭，後面接數字與英文字母的編號漆在機身後段的左右兩側。有些愛好者便是專門從可以看到機身編號的角度拍攝照片。

　　就算機身編號一樣，塗裝也可能隨時代而變，或者同一種塗裝會出現在機身編號不同的飛機上。另外也有全世界僅此一架的特別塗裝或行政專機等，因此不會有拍完的一天。換句話說，這是一項可以持續一輩子的興趣。

　　拍攝機身編號這項興趣源自英國，原本只是一手拿單筒望遠鏡，一手做筆記寫下機身編號，後來則演進為使用膠捲相機、數位相機記錄。而且這項興趣不需要透過語言交流，只要秀出飛機的照片，就能與世界各地的同好打成一片。我高中時的英文差勁到考試都考不及格，卻能在拍照時認識德國、澳洲等不同國家的同好，後來還互相交換飛機的照片（當時是透過郵寄）。

這項興趣現在也普及到了亞洲其他國家,從香港到韓國、馬來西亞等地,有越來越多人將拍攝客機的照片上傳到全球性的飛機照片網站。日本的機場也常看到歐洲或亞洲其他國家的愛好者來拍飛機。

我正是被「收集機身編號」、「收集機身彩繪」所吸引,花了超過30年時間前往全世界超過100個國家及地區,造訪了超過500座機場。即便如此,至今我仍在世界各地尋覓沒看過的機身彩繪。

老實說,飛機會有新的機型,也會有新的航空公司成立,並出現新的塗裝,因此永遠也追尋不完。但即使是現在,有了新發現時的喜悅仍舊是無可取代。而且我相信不只是我自己,只要是擁有相同愛好的人都是如此。聯合航空換上新塗裝的飛機要飛來日本的消息,2020年在推特上引發了討論,拍到照片的人紛紛上傳到Instagram、自己的部落格或照片分享網站等。與我開始接觸這項興趣的1980年代相比,日本的愛好者也增加了許多。

關於本書

我在2014年出版了彙整全世界超過600款客機機身彩繪的《世界の旅客機捕獲標本》一書，由於內容有別於以往的飛機相關書籍，大受好評。從飛機的重度愛好者，或是想欣賞各種機身彩繪的小朋友都是該書的客群，因此不久之後便銷售一空。我原本覺得只要再刷就好了，但客機的機身彩繪可說是日新月異，而且也有新的航空公司陸續成立等變化，因此有些機身彩繪已經不同，甚至是消失了。於是我又根據截至2020年3月的最新資訊，重新推出了這本《世界客機彩繪圖鑑》。

分類方式基本上沿襲了前一本書，因此讀者可以進行對照比較，了解機身彩繪在這幾年中的變化。

國旗

藉由國旗表現母國的象徵與驕傲

　　雖然目前的大型航空公司幾乎都是民營企業，但1970～80年代是國家出資的國營航空公司居多，也就是名符其實的「國家航空公司（flag carrier）」，因此這些航空公司旗下飛機的垂直尾翼上常會看到具有國旗元素的標誌。而民營航空公司採用以國旗為意象的標誌，則能表現母國的形象，所以飛行國際線的航空公司使用國旗作為標誌的也不在少數。

　　近來ANA在所有飛機的機身都加上了「Inspiration of Japan」的標語，並可以同時看到日本國旗與ANA的標誌。除了提升品牌價值外，據說也是為了強化自家代表日本的形象。話說回來，雖然都是使用國旗，有的航空公司是直接將國旗放上垂直尾翼，有的航空公司則巧妙地展現了設計功力，讓人細看一番之後有種恍然大悟的感覺。

法國航空
Boeing787-9　F-HRBC

將法國的三色旗描繪在垂直尾翼上的法國航空除了曾在2009年小幅修改公司標誌外，目前的塗裝已用了約40年。法航是率先將飛機機身塗成全白的航空公司，與時裝一樣，機身彩繪的設計也引領潮流。與過去不同之處在於垂直尾翼部分的線條底部帶有圓弧感，且藍色線條由4道變成了3道，「AIRFRANCE」的字體也較過去稍細，並在公司名稱後加上紅色緞帶。發動機整流罩上繪有以馬為造型的標誌，則是自公司成立以來的傳統。另外，只有像圖中的波音787般機身龐大的飛機，才會將公司名稱放大得如此醒目。拍攝時間：2019年10月　日本關西機場

義大利航空
Boeing777-243ER　EI-DBM

雖曾數度更改企業識別，但基本形象並沒有改變，圖為現行的企業識別。塗裝使用了義大利國旗的深綠色與紅色，並在垂直尾翼表現出公司名稱中的「A」。過去曾採用在機身側面的窗戶高度以水平線條裝飾的設計，後來將線條位置降低到窗戶下方，並在機頭部分收尖。目前的設計則是將垂直尾翼的「A」往下延伸，機身漆成帶有銀色及奶油色的白色。雖然不太明顯，但其實垂直尾翼前方還有藉由色彩深淺表現出的斜條紋，設計相當用心。拍攝時間：2019年5月　日本成田機場

奧地利航空
Airbus A320-214　OE-LBX

這款塗裝品味出眾，讓人感受到俐落洗鍊的歐系風格。垂直尾翼由上至下「紅白紅」的配色正好與奧地利國旗相同。近年來進行過數次小改款，目前的樣式是從2018年使用至今，加大了公司名稱的部分，並變得更為簡潔。截至2020年時，仍能看到過去的塗裝與前兩代的配色。由於上一代與上上一代十分相似，辨識起來相當麻煩，圖中拍到的是目前的企業識別。拍攝時間：2019年5月　維也納

前幾年曾進行過小改款，將公司名稱改為醒目大字體。垂直尾翼上的瑞士國旗圖案則是從瑞士航空時代起便不曾改變。這樣的設計雖然簡約，但與醒目大字體一樣有很高的辨識度，並且只使用了紅白兩種顏色。單純以加粗、好辨識的字體寫上「SWISS」的設計也十分討喜。這種設計看似簡單，其實非常困難，必須具備高度設計素養才做得到。拍攝時間：2019年8月　雅典

瑞士國際航空
Boeing777-3DEER　HB-JNA

英國航空
Boeing747-436　G-CIVX

垂直尾翼上畫出了變形米字旗（英國國旗）迎風飄揚的模樣。機頭部分加上了緞帶，在英國航空的官網等各種媒體平台上，公司名稱Logo都會與緞帶一起出現。這項設計出自英國的設計公司Newell & Sorrell，其實之前曾有過一段慘烈的故事。緞帶設計最早出現在1997年，當初網羅了世界各國設計師的提案，種類多達35種，各有不同名稱，藉此表達「四海一家」的概念。但英國民眾的接受度並不高，當時的首相柴契爾夫人更表示「英國航空竟然做出這種蠢事，我不想搭沒有英國國旗的飛機。」最後，英國航空所有客機都塗上了原本飄揚於協和號客機垂直尾翼的米字旗，未獲好評的四海一家塗裝自此消失。目前皆已統一為米字旗設計。拍攝時間：2019年5月　倫敦希斯洛機場

赫維提克航空
Embraer190LR　HB-JVQ

赫維提克是拉丁語的瑞士之意，該公司為瑞士的區域航線航空公司。許多員工過去曾服務於瑞士航空，機身也畫上了瑞士國旗，雖然顏色與瑞士國際航空雷同，但設計卻大異其趣。機身為現在流行的全白塗裝，搭配銀色的公司名稱，垂直尾翼的紅色則一直延伸至機身下方，十分有現代感。赫維提克航空過去曾經採用以鮮豔粉紅色塗滿整架飛機的設計，不知道是不是因為不對瑞士人的胃口，只維持了數年便改為現在的塗裝。拍攝時間：2019年1月　蘇黎世

盧森堡航空
Boeing737-8C9　LX-LGU

這是歐洲小國盧森堡的盧森堡航空近年採用的新塗裝。垂直尾翼上繪有國旗，並用皺痕表現出迎風飄揚的感覺，設計十分用心，而且皺痕處的色彩漸層效果在該公司的每架飛機上都是一致的。從皺痕效果沒有做在講求平衡的方向舵上這一點來看，或許有用貼紙進行處理。除了駕駛艙下方繪有盧森堡國徽中的紅獅，發動機整流罩上也有盧森堡航空看起來有如箭頭或鳥類的標誌。拍攝時間：2019年5月　豐沙爾（葡萄牙）

保加利亞航空
Airbus A320-214　LZ-FBD

來自東歐的保加利亞航空在垂直尾翼上畫出了該國的3色國旗，但由於保加利亞國旗的最上方是白色，因此改成淺銀色以提升辨識度。公司名稱的字體同樣使用淺銀色，機身左側以保加利亞語，右側以英語標示，窗戶下方還加上了該公司網址「www.air.bg」。機身彩繪整體設計成熟穩重，或許也反映了保加利亞人顧慮他人、低調的性格。拍攝時間：2019年5月　倫敦希斯洛機場

波士尼亞與赫塞哥維納航空
ATR72-212　E7-AAE

公司名稱部分的「BH」為波士尼亞與赫塞哥維納的簡寫，垂直尾翼上繪有該國國旗。機身後段至機頭下方拉出與國旗顏色相同的藍色與黃色線條做點綴。波國的國旗中可以看到★記號，但其實歐洲國家的國旗幾乎都沒使用★的傳統，據說是沿用了歐盟旗幟的設計。在公司名稱的「B」前方加上★也相當有特色。從機身後方的「Welcome to Bosnia & Herzegovina」字樣可以看出該國在戰亂平息後推動觀光仍不遺餘力。拍攝時間：2011年7月　蘇黎世

馬爾他航空
Airbus A320-214　9H-AEN

來自於地中海上的馬爾他島，垂直尾翼上畫的不是馬爾他的國旗，而是騎士團的徽章。馬爾他現在是一個共和國，在被拿破崙佔領前，則是馬爾他騎士團的領地，所以除了在機身後段放上馬爾他國旗外，也使用騎士團的徽章。似乎因為騎士團的十字徽章較國旗更廣為人知，因此垂直尾翼上也是用這個圖案。除了垂直尾翼前方有亮麗的藍、黃、橘色幾何圖案，仔細看還可以發現，陰影部分有各種細膩的花紋，在設計上十分用心。拍攝時間：2017年6月　馬爾他

俄羅斯航空
Boeing777-3MOER VP-BGB

為了告別缺乏競爭、經營策略、效率、形象的前蘇聯時代,重生的俄羅斯航空希望能建立新形象。垂直尾翼上有飄揚的俄羅斯國旗,深藍色則讓人聯想到俄羅斯的夜空。雖然這款塗裝頗受好評,也符合流行趨勢,可惜的是公司名稱仍然只以俄語標示。另外,位在公司名稱下方,從過去使用至今由翅膀圖案與槌子、鐮刀組成的小小標誌,則讓人回想起前蘇聯時代。拍攝時間:2019年9月　日本成田機場

孟加拉優速航空
Boeing737-8Q8 S2-AJB

該公司為美國與孟加拉的合資企業,因此仔細觀察垂直尾翼會發現使用了美國星條旗的深藍色與星星、孟加拉國旗的綠色與紅色等兩國國旗的元素。這款設計也可以看成是紅色的太陽以及宇宙中閃耀的星星。
拍攝時間:2018年11月　吉隆坡

摩爾多瓦航空
Airbus A319-112 ER-AXL

摩爾多瓦航空是前蘇聯成員國之一,現在是摩爾多瓦共和國的國家航空公司。垂直尾翼以柔和的筆觸畫上了摩爾多瓦國旗使用的紅、黃、藍色。由於文化、歷史皆與鄰國羅馬尼亞相近,因此這樣的設計也與羅馬尼亞國旗的形象頗為相似。摩爾多瓦航空是以前蘇聯時代的俄羅斯航空為基礎,該國獨立之後才形成現有的體制。由於事業規模小,飛機數量也不多,除了圖中機身全白的塗裝外,也有機身帶深藍色,可見該公司的企業識別尚未完全建立。拍攝時間:2019年1月　米蘭

美國航空
Boeing787-9 N841AN

美國航空的企業識別色為星條旗的紅、藍、白色,在與全美航空合併後,順勢採用了新的企業識別,告別過去長年使用的裸金屬色「銀鳥」塗裝。垂直尾翼上繪有讓人一眼就能看出是美國國旗的藍色與紅色線條,不過仔細觀察會發現,這些線條其實是由許多漸層所構成,塗裝相當花工夫。至於機身上公司名稱旁的標誌,則是以現代風重新呈現過去使用的傳統老鷹標誌。該公司的官方說法是也可以將老鷹看成是星星或「A」的一部分。拍攝時間:2019年5月　倫敦希斯洛機場

開曼航空
Boeing737-36E VP-CKW

開曼航空是來自加勒比海開曼群島的航空公司,垂直尾翼上描繪的是開曼群島國旗上的國徽。垂直尾翼的塗裝其實只截取了國徽的1/3左右,從照片也可以看出,上方的獅子連頭也被切掉了,但該公司完全不以為意。只要能看得出是哪個國家、讓人留下深刻印象就好的直線思考倒也令人讚賞。機身前段畫出了開曼群島的官方吉祥物──海盜造型的烏龜。在飛機上畫海盜大概也是加勒比海國家獨有的特色吧。拍攝時間:2015年5月　邁阿密

大韓航空
Airbus A220-300 HL7200

大韓航空的標誌是從韓國國旗中央的「太極」圖案而來,藉由紅色與藍色表現創造出萬物的陽與陰,原始設計大約從100年前就開始在用了。太極圖案除了用來代替KOREAN AIR的「O」以外,也出現在發動機整流罩及翼尖小翼上。說到大韓航空,許多人的第一印象就是這個標誌。另外,機身上半部的天藍色與下半部的白色之間穿插著銀色線條,使屬於中間色的淺藍色機身更顯俐落,並與太極標誌的銀色滾邊具有一致性。
拍攝時間:2019年4月　日本成田機場

菲律賓航空
Airbus A321-281NX　RP-C9937

菲律賓航空的客機使用了菲律賓國旗的藍、紅、白色搭配升起的黃色太陽。這種在國旗加入其他元素的設計雖然少見，垂直尾翼上的標誌還是能讓人看出是該國旗。機身除了「Philippines」以外沒有任何文字，十分簡約，當前流行的純白機身表現出乾淨俐落的形象。有趣的是，該公司的正式名稱為Philippine Airlines，但機身上的文字卻在Philippine（菲律賓的、菲律賓人之意）後加了s，不過這其實是公司正式名稱的簡稱。拍攝時間：2019年9月　日本中部國際機場

巴基斯坦航空
Boeing777-240ER　AP-BGK

巴基斯坦航空曾宣布停飛成田航線，不過隨後又馬上復飛。垂直尾翼上有大大的巴基斯坦國旗，過去則是在垂直尾翼上描繪巴基斯坦傳統的民族風圖樣。有好幾種不同花色，但似乎是因為太過耗工，因此數年後便改成了現在的版本。巴基斯坦的國旗約有1/4是白色的，因此垂直尾翼底部的白色波浪狀部分表現了國旗飄揚的感覺，而機身則塗成奶油色製造出變化。機身前段以深綠色線與土黃色線條隔開白色與奶油色部分，這2道線條一直延伸至機身後段並逐漸變窄，但有時也會看到沒有塗成奶油色的飛機。拍攝時間：2017年2月　日本成田機場

烏茲別克航空
Boeing767-33PER　UK67005

也許有人看不出來烏茲別克的國旗出現在何處，但其實就在機身塗裝使用的3個顏色中。由上往下依序為水藍、白、綠，不同顏色間各有紅色細線的設計也與國旗相同。在垂直尾翼上畫出國旗的設計頗為常見，但將整架飛機塗成國旗配色的航空公司恐怕就不多了。至於烏茲別克國旗色彩的意義，水藍色代表天空與水，白色代表和平與純潔，綠色代表大自然，紅色細線則象徵生命力。垂直尾翼上的圖案為烏茲別克國徽——波斯神話中的不死鳥。拍攝時間：2018年12月　日本成田機場

索蒙航空
Boeing737-93YER　P4-TAJ

索蒙航空是來自塔吉克的航空公司，垂直尾翼的紅、白、綠色，帶有流動感的紅、綠曲翼的中央以黃色畫出塔吉克國旗上的七顆星星與王冠，機身上也以相同的黃色漆出公司名稱。為避免黃色在白底上不夠顯眼，使用了粗體字。單看公司名稱會無法辨別是哪一個國家的航空公司，於是在窗戶下方加上了「Tajikistan」的字樣，相當有意思。翼與翼尖小翼都畫上了該線也是一大特色。拍攝時間：2011年9月　西雅圖波音機場

阿聯酋航空
Boeing777-36NER　A6-EBG

垂直尾翼上畫的是阿拉伯聯合大公國（UAE）的國旗。國旗的紅色一直延伸到機身下方，這個紅色也是阿聯酋航空的企業識別色。機身則以象徵頂級服務的金色與醒目大字寫上公司名稱。Emirates原本是「酋長國」之意，但現在可說已經成為了阿聯酋航空的代名詞。公司名稱下方寫有網址，機腹處也加上了紅底白字的Emirates字樣，因此從正上方抬頭往上看也能辨識出這是阿聯酋航空的飛機。拍攝時間：2018年12月　杜拜

衣索比亞航空
Boeing787-8　ET-ATL

這是非洲的航空公司中，少數擁有自家的保養維修設施，且營運上軌道的公司。垂直尾翼上的綠、黃、紅3色正好與國旗顏色的排列順序相同。機身上可以看到大大的「Ethiopian」字樣，而機身後段較小的文字則是用衣索比亞的官方語言安哈拉語寫的「衣索比亞航空」。這些有如象形文字的字體讓人感受到了非洲風情。機頭部分的獅子圖案是衣索比亞帝國的象徵，看起來有如吉祥物般。拍攝時間：2018年11月　吉隆坡

肯亞航空
Boeing787-8　5Y-KZG

垂直尾翼使用了肯亞國旗的黑、紅、綠色，但在設計上做出變化，並非原封不動地複製國旗的樣式。國旗是均等使用黑、紅、綠色，並在色彩間加入白線，肯亞航空則是用較三等分更強烈的風格呈現，並藉由色彩讓人聯想到肯亞。肯亞航空的標誌是在有如@符號的〇K後方，再加上公司名稱「Kenya Airways」。垂直尾翼上看到的便是這個〇K的標誌，展現自我主張，而非肯亞國旗中央的長矛與盾。機身上的公司名稱下方有書寫體的「The Pride of Africa」（非洲的驕傲）字樣，也是一大亮點。拍攝時間：2019年5月　倫敦希斯洛機場

納米比亞航空
Airbus A340-311　V5-NMF

來自非洲的納米比亞航空直接將國旗畫在了垂直尾翼上，翼尖小翼同樣畫有國旗。只要認得該國國旗的話，就會知道這是納米比亞的航空公司。仔細觀察整架飛機，便可以同時記住公司名稱與國旗。該企業識別色是明亮的黃色，公司名稱前方有鳥類振翅高飛的圖案，不過這並非納米比亞的國鳥紅頭伯勞，也非國徽上的吼海鵰。其實這並不是特定的品種，只是以優雅的天鵝為靈感所繪成。拍攝時間：2012年8月　法蘭克福

南非航空
Airbus A330-343　ZS-SXK0

南非航空是非洲最具代表性的航空公司之一。垂直尾翼使用了可看出南非國旗色彩及造型的元素，同時又融入箭頭的意象，更加提升獨自的特色。垂直尾翼上的另一個亮點是畫出了非洲的太陽。機身上的公司名稱全部使用大寫，並分別將兩個單字的第一個字母加大，更易於識別。拍攝時間：2019年5月　倫敦希斯洛機場

馬紹爾群島航空
DHC 8-102　V7-0210

來自於太平洋上的小國馬紹爾群島。過去曾短暫將DC-8使用於航班，現在則是僅以3架螺旋槳飛機經營航線的小公司。不過，該公司客機的垂直尾翼大大地畫上了該國國旗，機身也是目前流行的全白塗裝。將國旗氣派地畫在飛機上，或許就是最好的辨識。拍攝時間：2013年6月　凱恩斯

王冠

將王室視為驕傲放上機身

在小朋友心目中，國王頭上應該都戴著王冠。許多歷史悠久的歐洲國家實際上的確存在王冠，自古以來皆將此視為權力、地位的象徵。從一個國家的正式國名也可以看出該國是否有女王或國王等君主即位，例如英國的正式名稱為大不列顛暨北愛爾蘭聯合王國，荷蘭是荷蘭王國，瑞典、挪威、西班牙、丹麥、比利時也都是王國。王冠象徵了君主的權威，代表這些國家的航空公司通常也會在機身畫上王冠。有些航空公司還會在公司名稱中加入代表王室或國王的「皇家」一詞。

比利時航空
Airbus A340-313 OO-ABB

1979～2000年也曾存在名稱相同的另一間航空公司，而圖中的比利時航空則是自2018年開始營運。該公司除了少數自布魯塞爾起飛的定期航班外，主力是經營包機業務。垂直尾翼上畫出比利時的三色國旗與王國的王冠，較代表比利時的布魯塞爾航空更為強調比利時的色彩。拍攝時間：2018年12月　杜拜

荷蘭皇家航空
Boeing737-8K2 PH-BXB

KLM是荷蘭語Koninklijke Luchtvaart Maatschappij的縮寫，意思為皇家航空公司。荷蘭王國的國徽中也使用了王冠，不過仔細觀察航空公司的王冠標誌會發現，圖案僅由長方形、十字、圓形構成，十分簡約並可以馬上畫出來。標誌的設計者為德國出生，後來旅居英國的設計師漢瑞恩（F. H. K. Henrion）。該標誌誕生於1962年，雖然色彩多少略為調整過，但從當時一直沿用至今。而塗裝則進行過多次小改款，近來的版本是線條從機身前段往機頭方向下降，增加了藍色部分的面積。拍攝時間：2019年5月　倫敦希斯洛機場

西班牙國家航空
Airbus A320-216 EC-LXQ

西班牙的代表性航空。2014年採用現行塗裝以前的舊版本，明顯畫出了王冠，但在企業識別換新之後，改為在機身後段的機身編號前漆上小小的王冠。垂直尾翼使用了西班牙國旗的配色，紅色代表熱情的西班牙擊退敵人時所留的鮮血，黃色代表豐饒的國土。拍攝時間：2019年5月　倫敦希斯洛機場

皇家約旦航空
Boeing787-8 JY-BAE

皇家約旦航空自過去以來一直深受日本的飛機迷喜愛。雖然經歷過小改款，但目前的塗裝自1980年代便已開始使用。約旦的正式國名為「約旦哈希米王國」，垂直尾翼上畫的正是國徽中的王冠。機身色彩會隨光線看起來呈現炭灰色或棕色，垂直尾翼則塗上了若隱若現的深灰色鋸齒狀紋路。逼真描繪出王冠光影的設計也是皇家約旦航空的一大特色。從早在尚未出現貼紙技術的1980年代便已採用這樣的設計來看，機身塗裝想必是相當花工夫的浩大工程。拍攝時間：2018年12月　杜拜

汶萊皇家航空
Airbus A320-251N V8-RBA

汶萊皇家航空的垂直尾翼漆成了國旗的黃色，並畫上汶萊國旗中央的國徽——伊斯蘭教的新月圖案。另外，要湊近才看得出來，該國徽上寫有「永遠服侍於真主的指引」的文字，顯現了汶萊和平之國的伊斯蘭精神。機身以白色為基調，僅在公司名稱部分加上黃色線條，風格十分簡約。機身上同時有阿拉伯文（機翼上方的機身部分）與英文的公司名稱。拍攝時間：2019年6月　日本成田機場

地球&天體

將夢想寄託於夜空中閃耀的群星

　　星星、太陽、地球等天體不僅容易設計成圖案當作標誌，星星也常被賦予「成為閃亮的明星」、「綻放耀眼光芒」等意義。許多國家的國旗上都有星星，航空公司將其當作標誌的例子也不在少數；地球則可以表達航線遍布全球及網絡的概念；太陽象徵著強大，同時也是北國人民的嚮往。以下介紹的機身彩繪便表現出了飛向宇宙的夢想以及我們所居住的地球。

Earth

巴拿馬航空
Boeing737-8V3　HP-1843CMP

之所以與聯合航空過去的塗裝相似，是因為巴拿馬航空過去的持股方美國大陸航空與聯合航空合併，於是採用了雷同的設計。雖然垂直尾翼的塗裝頗為類似，不過兩者的地球在設計稍有不同。拍攝時間：2019年11月　舊金山

Earth

亞特拉斯航空
Boeing747-412F　N489MC

垂直尾翼上畫的是希臘神話中負責背負天空的神祇亞特拉斯。地球圖案的大小超出了垂直尾翼的範圍，這樣的形象正好適合強調載運能力的貨運航空公司。雖然機身上的巨大標誌相當吸睛，但垂直尾翼的設計也十分有藝術感。成田機場常能看見該公司的飛機。另外，一部分客機過去於ANA服役，採用的是特別版金色塗裝，並曾作為日美職棒交流賽的包機等飛來日本，但可惜的是在2019年改成了普通塗裝。拍攝時間：2019年4月　日本成田機場

Earth

空橋貨運航空
Boeing747-8HVF　VQ-BLQ

拍攝時間：2015年3月　日本成田機場

Earth

CargoLogicAir
Boeing747-428ERF　G-CLBA

拍攝時間：2018年3月　日本成田機場

定期飛至成田機場的空橋貨運航空旗下飛機，垂直尾翼就如同公司名稱，畫有看起來像是橋也像是地球儀的圖案。由於是俄羅斯的航空公司，因此設計感與歐美略有不同，但標誌將公司名稱縮寫為ABC等設計仍透露出了品味。至於該公司旗下一員，營運基地位於英國的CargoLogicAir除了在垂直尾翼改用橘色線條外，其他部分幾乎完全相同。已於2022年11月停止營運。

Earth

加拿大噴氣機航空
Boeing767-223SF　C-FMCJP

垂直尾翼上畫出了地球與象徵加拿大的楓葉。
機身的公司名稱Logo旁還加上了飛機飛翔的圖案，運用許多元素營造貨運航空公司的特色。由於班次不多，且常於夜間飛行，因此相當不容易看到該公司的班機。攝影時間：2011年6月　溫哥華

聯合航空
Boeing737-824　N13248

由於與過去的美國大陸航空對等合併，因此此公司名稱維持聯合航空，機身則採用美國大陸航空的彩繪圖樣。垂直尾翼的圖案表達美國大陸航空的呼號「畫出我們的航線」，過去的官方資料也提到這部分是以地球為概念。2019年時，聯合航空發表了沿襲過去地球儀圖案所設計的全新企業識別。此設計十分符合聯合航空網絡遍及全美國乃至於世界各地的形象。拍攝時間：2019年11月　舊金山

長榮航空
Boeing777-3NER　B-16732

母公司為臺灣的海運巨擘長榮集團，垂直尾翼上的圖案是長榮集團的地球與星星標誌。綠色與橘色細線的配色美觀且平衡，維持了優雅形象並展現全球化的作風。目前的塗裝為2015年11月時所發表，沿襲了以往打造出的全新企業識別。拍攝時間：2019年11月　舊金山

西部環球航空
Boeing747-446(BCF)　N344KD

西部環球航空是美國的貨運航空公司，以包機形式飛航成田機場。全白機身上以醒目大字體寫上公司名稱，垂直尾翼則有公司名稱的縮寫以及符合「環球」形象的地球圖案。該公司旗下也有充滿貨運包機公司風格的全白機身飛機，若有機會遇到的話可是很幸運的。圖中的飛機過去是日本航空的JA8902。拍攝時間：2018年11月　日本成田機場

EVERTS AIR CARGO
McDonnell Douglas DC-9-32RC　N930CE

垂直尾翼上的圖案是美國阿拉斯加州的州旗──藍底配北極星與北斗七星。公司名稱的字體、發動機、線條的顏色也都是用州旗的底色。比起貨機，該公司似乎更想營造出看起來像是客機的感覺。拍攝時間：2013年5月　安克拉治

★ Star 摩洛哥皇家航空
Boeing737-MAX8　CN-MAZ

北非國家摩洛哥的國旗是以紅底搭配彷彿一筆畫成的綠色星星。摩洛哥皇家航空將國旗的元素搬上白底的垂直尾翼，紅色線條有如星光的軌跡。機身同樣使用了國旗的綠色與紅色，搭配出內斂高雅的風格。目前的機身彩繪是繼承過去設計，於2018年發表的新企業識別。機身後段加大了紅色部分的面積，更添現代感。拍攝時間：2019年11月　西雅圖

★ Star 美國共和航空
Embraer E170　N177HQ

此為美國區域　航線航空公司的龍頭，由於承攬美國航空及　聯合航空的飛航業務，因此旗下飛機幾乎都是那兩家航空公司的塗裝，以自家公司塗裝現身的飛機十分罕見。垂直尾翼上畫有星星，機身上只有紅色細線的設計低調而簡約。拍攝時間：2018年7月　華盛頓

★ Star 加拿大越洋航空
Airbus A330-342　C-GTSO

越洋航空是以加拿大的包機業務為主的航空公司，過去使用的企業識別色為藍色及水藍色，標誌中也有星星。2017年發表了新的企業識別，機身後段至垂直尾翼漆成淺藍色漸層，並畫上筆觸潦草的星星。機身白色與淺藍色部分之間穿插了銀色，使色彩對比更鮮明，公司名稱只有Air塗成淺藍色等設計十分細膩。拍攝時間：2017年5月　巴黎夏爾‧戴高樂機場

★ Star 雅庫特航空
Sukhoi Superjet100-95B RA-89011

來自俄羅斯薩哈共和國的雅庫特航空在夏季有許多往來於雅庫次克與成田機場的包機航班，機身上的公司名稱是以西里爾字母書寫，不過發動機整流罩上寫有該公司網址，能藉此識別公司名稱。垂直尾翼畫有星星與極光，而機身上公司名稱附近淺藍色發光的圖案則是鑽石，以強調薩哈共和國是俄羅斯最大鑽石產地。拍攝時間：2018年10月　日本成田機場

★ Star 以色列航空
Boeing737-958ER　4X-EHE

原本預計於2020年3月開設飛往成田機場的定期航班，但受到新冠肺炎疫情影響而延期。垂直尾翼上繪有以色列國旗也能看到的大衛之星，並使用與國旗相同的藍色畫上斜線，穿插銀色作為互補色讓塗裝顯得更有整體感。相較於過去，以色列目前的情勢較為穩定，因此在各大機場都能見到該公司的客機。但1990年代以前由於會成為恐攻的目標，常有不寫上公司名稱，讓人分辨不出飛機國籍的塗裝，或是全白塗裝的飛機。拍攝時間：2019年1月　米蘭

★ Star
泰坦航空
Boeing757-256 G-ZAPX

自詡為「聲望卓越的包機航空公司」，提供客製化服務。由於有許多VIP包機，因此即便是正式塗裝，機身上也完全沒有公司名稱。機身以黑色的企業識別色為基調，並畫上了土星的衛星泰坦。該公司也曾於《007》電影中登場，在英國是著名的航空公司。第42屆七大工業國組織會議時，時任英國首相的卡麥隆也曾搭乘該公司的飛機降落於日本中部國際機場。拍攝時間：2015年6月　馬約卡島（西班牙）

Sun
諾瓦航空
Airbus A321-231 SE-RDP

這是來自瑞典斯德哥爾摩的航空公司，公司名稱及Logo的用色簡單明瞭，表達生活在寒冷之中的北歐人渴望的太陽與湛藍海洋。發動機整流罩的藍色與翼尖小翼的黃色也起到了點綴作用，搭配出整體感。拍攝時間：2014年1月　大加那利島（西班牙）

Sun
忠實航空
Airbus A320-214 N276NV

充滿廉航風格，明亮又醒目的機身彩繪讓人印象深刻。垂直尾翼上耀眼的太陽過去只有淺黃色一種，近來則小改成漸層風。該公司過去曾將飛機租借給英國的「Jet2holidays」，結果承租方自己擁有的飛機也採用了幾乎相同的機身彩繪。拍攝時間：2019年11月　洛杉磯

Sun
Jet2holidays
Boeing737-36N G-GDFL

這是英國廉航捷二航空旗下的旅遊公司，也是英國第二大的遊程承攬業者。該公司旗下飛機雖然也有專屬塗裝，但卻與美國的忠實航空極為雷同。似乎是因為Jet2holidays曾向忠實航空租借飛機，對其機身彩繪十分中意，於是採用了相似的設計。由於沒有官方說明，實際原因仍舊不明，不過用色也幾乎相同，實屬罕見。拍攝時間：2015年6月　馬約卡島（西班牙）

Sun
盧安達航空
Airbus A330-243 9XR-WN

中非國家盧安達的國家航空公司，垂直尾翼上的太陽與淺藍色設計取自該國國旗。雖然盧安達是不靠海的內陸國家，但在機身上以深藍色畫出了波浪狀的曲線。這款彩繪設計傳達了盧安達過去曾面臨人口過多、難民、內戰等課題，但如今已克服困難，情勢恢復穩定的訊息。拍攝時間：2019年5月　倫敦蓋威克機場

人物

在機身上表現出民族的光榮感

　　人類發明的交通工具之中，飛機可說對我們的生活型態、文化、商業帶來最大的改變。飛機同時也讓人類想要翱翔於天空的夢想得以實現。有些航空公司便選擇在集結人類智慧打造出來的飛機上描繪「人物」表現該公司的特色。有的公司使用逼真的人像作為標誌，有的公司則更進一步使用了天使或神祇的形象。

墨西哥國際航空
Boeing787-8　XA-AMX

垂直尾翼上描繪的是阿茲提克文明時代的英勇戰士——頭戴老鷹造型頭巾的雄鷹戰士。由於該公司的塗裝在10年間曾進行過3次改款，有些飛機仍是舊塗裝。而最新的設計則是在白色機身加上紅色的流線狀線條，深藍色垂直尾翼搭配相同風格的淺藍色線條，營造出了現代感。拍攝時間：2018年11月　日本成田機場

夏威夷航空
Airbus A330-243　N389HA

自1970年代起便在垂直尾翼上描繪以紅色及粉色為基調的木槿與夏威夷女郎。該公司的企業識別曾進行過多次小改款，目前使用2017年發表的設計，改變夏威夷女郎的五官，機身繪有銀色的夏威夷花環。當時交機的空中巴士A321全都採用新塗裝。機身上的公司名稱也改成了代表夏威夷人的「HAWAIIAN」字樣，無論在哪個時代，機身彩繪都充滿了夏威夷風情，而且深受女性喜愛。拍攝時間：2019年2月　洛杉磯

阿拉斯加航空
Boeing737-990ER　N494AS

長年來的設計都是在垂直尾翼畫上阿拉斯加原住民的臉孔。在西雅圖及安克拉治這兩大該公司的樞紐機場，放眼望去都是這位大叔的景象，十分壯觀。由於阿拉斯加的原住民屬於蒙古人種，若覺得看起來像亞洲人的話實屬正常。機身直接了當地放上斗大的公司名稱Logo，讓人感受到阿拉斯加拓荒者的魄力。雖然公司名稱是阿拉斯加航空，但其實總公司位在西雅圖。企業識別曾進行過數次小改款，圖中的是目前使用的塗裝，公司名稱的字體與過去不同，淺綠色部分也更為明顯。拍攝時間：2020年1月　洛杉磯

埃及航空
Boeing777-36NER　SU-GDL

畫在垂直尾翼上的是埃及神話中的天空之神荷魯斯。機身前段與垂直尾翼使用象徵天空的美麗藍色漸層，展現活潑氣息。醒目大字體的公司名稱Logo位於主翼附近，但可惜會被主翼擋住而看不清楚。但也因為這樣，荷魯斯的形象更加令人印象深刻。拍攝時間：2019年5月　日本成田機場

科西嘉航空
Airbus A320-216　F-HZFM

科西嘉航空來自位於義大利半島西方的法國領土科西嘉島，航班往來於阿雅克肖與法國本土間。垂直尾翼的圖案幾乎完全複製了科西嘉島旗幟上綁著頭巾的男性頭像。拍攝時間：2017年6月　巴黎夏爾·戴高樂機場

瑞安航空
Boeing737-8AS　EI-EKO

垂直尾翼上是一名女性與具有許多典故的金色豎琴組成的古愛爾蘭徽章。這個古愛爾蘭徽章的顏色為深藍色與金色，與該公司的企業識別色相同。機身以醒目大字體高調地寫出公司名稱。瑞安航空是走庶民路線，以低價機票為賣點的廉價航空，使得在歐洲搭飛機旅行這件事不再遙不可及，但其實標誌的由來具有尊榮高貴的涵義。拍攝時間：2019年1月　米蘭

孟加拉聯合航空
ATR72-202　S2-AFU

仔細觀察垂直尾翼會發現，上面的圖案是各色手掌排列成的圓形，可說是非常能讓人感受到孟加拉人口眾多的設計。公司名稱與美國的聯合航空很相似，因此容易弄錯。機身右側以孟加拉語，左側以英語標示公司名稱。該公司的飛機基本上都使用淺藍色，但也有一部分黑色及紫色塗裝的飛機。拍攝時間：2013年10月　曼谷

鳥

象徵人類對翱翔天際的憧憬

航空公司的標誌最常見的元素就是鳥，畢竟「在天空飛翔」這件事會讓人自然聯想到「鳥」。不過，不同航空公司所呈現的形象及概念也不盡相同，有的只是單純使用圖像，有的則是逼真描繪出特定種類，也有的選擇強調翅膀之類的某一部位等，可由此看出每家航空公司的特色。

例如，形象強悍的老鷹是美國的象徵，過去也被美國航空用於機身塗裝。歐洲國家的貴族徽章或城市的標誌也常能看到鷹、鷲等剽悍的鳥類。另外，每個國家都有政府機關或國家學術調查機構認定的「國鳥」，烏干達、哈薩克、玻利維亞、尚比亞等許多國家的國旗上也都畫有鳥類。

鳥雖然是極其常見的動物，卻能做到人類夢寐以求的「飛行」，因此航空公司會選用鳥作為標誌也是很自然的選擇。

華信航空
Embraer190　B-16828

垂直尾翼上的是中國傳說故事中的海東青。或許有人會納悶，從這柔和的曲線來看，造型明明比較像鴿子或海鷗，但其實是將海東青的翅膀設計成華信航空英文公司名的第一個字母「M」而成。機身上的英文公司名混合了大寫與小寫，風格十分獨特，不過因為字體具一致性，並不會難以閱讀。最早的塗裝在窗戶部分有粗線條，現在則改為細線條並移至窗戶下方。最新的小改款則是將線條設計成帶有波浪的感覺。拍攝時間：2019年9月　日本成田機場

【Asia】

國泰航空
Boeing777-31H　B-HNV

最大的特色就是垂直尾翼上有如用毛筆畫的鳥的標誌。目前的機身彩繪是2015年進行小改款後的版本。這個名為「翹首振翅」的標誌出自著名設計公司——朗濤品牌諮詢公司。毛筆般的筆觸讓人感受到亞洲風情，但成品具有全球共通的元素，相當高明。拍攝時間：2019年9月　日本中部國際機場

澳門航空
Airbus A320-232　B-MCH

澳門航空自1995年澳門機場完工後營運至今，皆採全白機身設計，垂直尾翼上畫的是象徵和平的鴿子。值得一提的是，鴿子標誌後方的紅色部分其實是蓮花，而蓮花正好是澳門官方旗幟上的圖案，兩者巧妙結合在一起。由於澳門受到葡萄牙統治時代的文化影響，因此設計也是走歐美風而非中國風。拍攝時間：2018年10月　日本成田機場

中國國際航空
Boeing787-9　B-7800

1998年以前，中國只有「中國民航（CAAC）」一家航空公司，中國國際航空現在的塗裝便是由當時小改而來。中國民航時代的垂直尾翼上畫的是中國國旗，成為中國國際航空後則改成了鳥，並加上英文Logo。至於垂直尾翼上的鳥則是出現於神話中的鳳凰，相傳當鳳凰現身時，幸福與和平將會到來。使用這個標誌就是希望帶給乘客幸運與喜悅。拍攝時間：2019年11月　洛杉磯

國泰港龍航空
Airbus A330-343　B-LBG

過去原本叫作港龍航空，2016年時更名為國泰港龍航空，並採用與國泰航空相同的機身彩繪設計，差別在於國泰港龍航空的企業識別色為紅色。另外，港龍航空時代畫在垂直尾翼上的龍則移到了駕駛艙後方。因受新冠肺炎疫情影響，於2020年停止營運，由國泰航空旗下香港快捷航空取代其航線。拍攝時間：2018年11月　吉隆坡

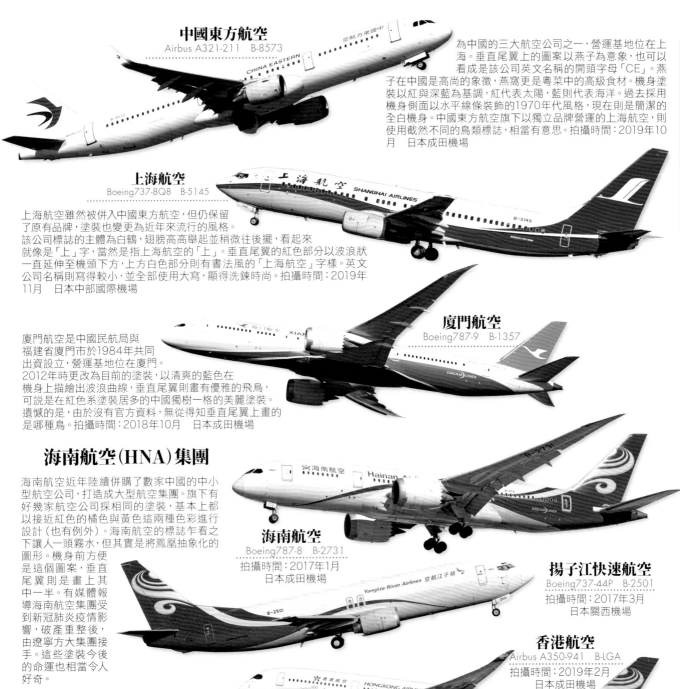

中國東方航空
Airbus A321-211　B-8573

為中國的三大航空公司之一，營運基地位在上海。垂直尾翼上的圖案以燕子為意象，也可以看成是該公司英文名稱的開頭字母「CE」。燕子在中國是高尚的象徵，燕窩更是粵菜中的高級食材。機身塗裝以紅與深藍為基調，紅代表太陽，藍則代表海洋。過去採用機身側面以水平線條裝飾的1970年代風格，現在則是簡潔的全白機身。中國東方航空旗下以獨立品牌營運的上海航空，則使用截然不同的鳥類標誌，相當有意思。拍攝時間：2019年10月　日本成田機場

上海航空
Boeing737-8Q8　B-5145

上海航空雖然被併入中國東方航空，但仍保留了原有品牌，塗裝也變更為近年來流行的風格。該公司標誌的主體為白鶴，翅膀高高舉起並稍微往後擺，看起來就像是「上」字，當然是指上海航空的「上」。垂直尾翼的紅色部分以波浪狀一直延伸至機頭下方，上方白色部分則有書法風的「上海航空」字樣。英文公司名稱則寫得較小，並全部使用大寫，顯得洗鍊時尚。拍攝時間：2019年11月　日本中部國際機場

廈門航空是中國民航局與福建省廈門市於1984年共同出資設立，營運基地位在廈門。2012年時更改為目前的塗裝，以清爽的藍色在機身上描繪出波浪曲線，垂直尾翼則畫有優雅的飛鳥，可說是在紅色系塗裝居多的中國獨樹一格的美麗塗裝。遺憾的是，由於沒有官方資料，無從得知垂直尾翼上畫的是哪種鳥。拍攝時間：2018年10月　日本成田機場

廈門航空
Boeing787-9　B-1357

海南航空(HNA)集團

海南航空近年陸續併購了數家中國的中小型航空公司，打造成大型航空集團。旗下有好幾家航空公司採相同的塗裝，基本上都以接近紅色的橘色與黃色這兩種色彩進行設計（也有例外）。海南航空的標誌乍看之下讓人一頭霧水，但其實是將鳳凰抽象化的圖形。機身前方便是這個圖案，垂直尾翼則是畫上其中一半。有媒體報導海南航空集團受到新冠肺炎疫情影響，破產重整後，由遼寧方大集團接手。這些塗裝今後的命運也相當令人好奇。

海南航空
Boeing787-8　B-2731
拍攝時間：2017年1月
日本成田機場

揚子江快速航空
Boeing737-44P　B-2501
拍攝時間：2017年3月
日本關西機場

香港航空
Airbus A350-941　B-LGA
拍攝時間：2019年2月
日本成田機場

釜山航空
Airbus A320-232　HL8328

機身上只寫了公司網址，很符合廉航的風格，重點在於特別強調了BUSAN的字樣。垂直尾翼的圖案是振翅高飛的海鷗，象徵海鷗隨處可見的釜山。用色以代表釜山的海、天空的深藍色為中心，並搭配淺藍色、薄荷綠等互補色。翼尖小翼同樣塗成了這三種顏色，看起來時尚又具現代感。薄荷綠線條從機身後段下方延伸至主翼下方接合部分的塗裝相當費工。拍攝時間：2019年9月　日本中部國際機場

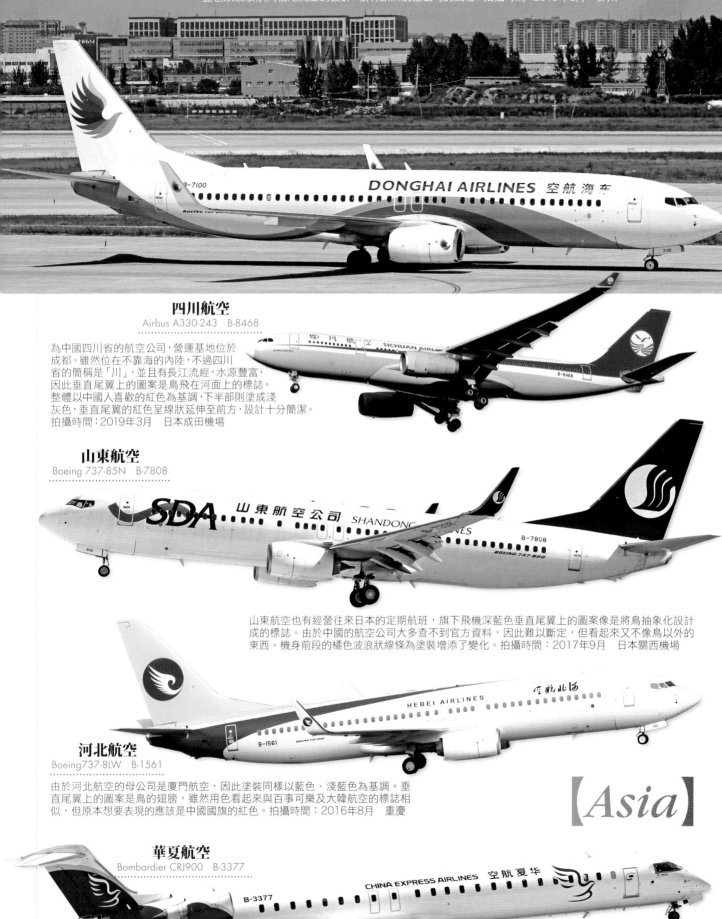

東海航空
Boeing737-8Q8　B-7100

東海航空的營運基地位在靠近香港及澳門的深圳,以象徵海洋的藍色與其他9種顏色畫出羽毛的設計相當時髦。東海航空起初是貨運航空公司,2014年開始經營客機業務。雖然中國許多航空公司的機身彩繪都還是上一個世代的風格或偏樸素,但該公司用象徵海洋的兩種藍色以波浪狀向機尾流動的設計,很有歐洲航空公司的風格。拍攝時間:2016年8月　鄭州

DONGHAI AIRLINES 空航海东

四川航空
Airbus A330-243　B-8468

為中國四川省的航空公司,營運基地位於成都。雖然位在不靠海的內陸,不過四川省的簡稱是「川」,並且有長江流經,水源豐富,因此垂直尾翼上的圖案是鳥飛在河面上的標誌。整體以中國人喜歡的紅色為基調,下半部則塗成淺灰色,垂直尾翼的紅色呈線狀延伸至前方,設計十分簡潔。拍攝時間:2019年3月　日本成田機場

SICHUAN AIR

山東航空
Boeing 737-85N　B-7808

SDA 山東航空公司 SHANDONG

山東航空也有經營往來日本的定期航班,旗下飛機深藍色垂直尾翼上的圖案像是將鳥抽象化設計成的標誌。由於中國的航空公司大多查不到官方資料,因此難以斷定,但看起來又不像鳥以外的東西。機身前段的橘色波浪狀線條為塗裝增添了變化。拍攝時間:2017年9月　日本關西機場

HEBEI AIRLINES

河北航空
Boeing737-8LW　B-1561

由於河北航空的母公司是廈門航空,因此塗裝同樣以藍色、淺藍色為基調。垂直尾翼上的圖案是鳥的翅膀,雖然用色看起來與百事可樂及大韓航空的標誌相似,但原本想要表現的應該是中國國旗的紅色。拍攝時間:2016年8月　重慶

【Asia】

華夏航空
Bombardier CRJ900　B-3377

CHINA EXPRESS AIRLINES 空航夏华

營運基地位在重慶,提供區域航線服務。垂直尾翼與機身上有用柔和的筆觸畫出的鳥,發動機部分也畫上了有如雲朵般的曲線,呈現天空的感覺。整體設計很有歐洲風格,若不是因為機身上有中文,如此活潑的塗裝不會讓人聯想到是中國的航空公司。拍攝時間:2016年8月　鄭州

天津航空
Airbus A320-232　B-300S

營運基地位於天津，除了經營國內線，也有飛往日本的定期航班。身為海南航空集團的一員，機身塗裝同樣使用橘紅色與黃色，但在設計上有所差異，給人不同的印象。垂直尾翼上雖然畫有鳥，但並未進行過正式發表。圓潤的曲線展現出柔和的感覺。拍攝時間：2019年5月　日本中部國際機場

瑞麗航空
Boeing737-86J　B-7865

瑞麗航空來自中國的昆明，垂直尾翼上畫有紅與粉構成的鳥。中文及英文公司名稱使用的都是特別設計過的字體。該公司宣布採購波音787，進一步擴大航線，令人期待是否會有新的機身彩繪。拍攝時間：2016年8月　重慶

瀾湄航空
Airbus A319-132　XU-983

來自柬埔寨的新興航空公司，公司標誌以孔雀為意象（位於機身前段），垂直尾翼的圖案則是擷取其中一部分，畫出振翅高飛的感覺。孔雀在柬埔寨也是廣為人知的鳥類，柬埔寨皇家宮廷舞團的表演之中便有孔雀舞。拍攝時間：2018年4月　金邊

酷鳥航空
Boeing777-212ER HS-XBA

由在多元塗裝的篇章會介紹到的泰國廉航皇雀航空（NOK），以及新加坡航空旗下的廉航酷航所共同設立，因此塗裝混合了這兩家公司的元素，垂直尾翼則繪有自家的吉祥物，機鼻部分並畫成了皇雀航空旗下飛機一貫的鳥喙造型。拍攝時間：2018年12月　日本成田機場

AirSWIFT
ATR42-600　RP-C4203

雖然只是菲律賓的本土航空公司，但塗裝很有時尚感。營運基地位在南方的愛妮島，因此使用了大海的藍色與島嶼的鳥類等元素，公司名稱中的「I」也用鳥展翅的身影取代，設計極具品味。深藍色至亮藍色的漸層用色十分美麗。拍攝時間：2017年11月　愛妮島

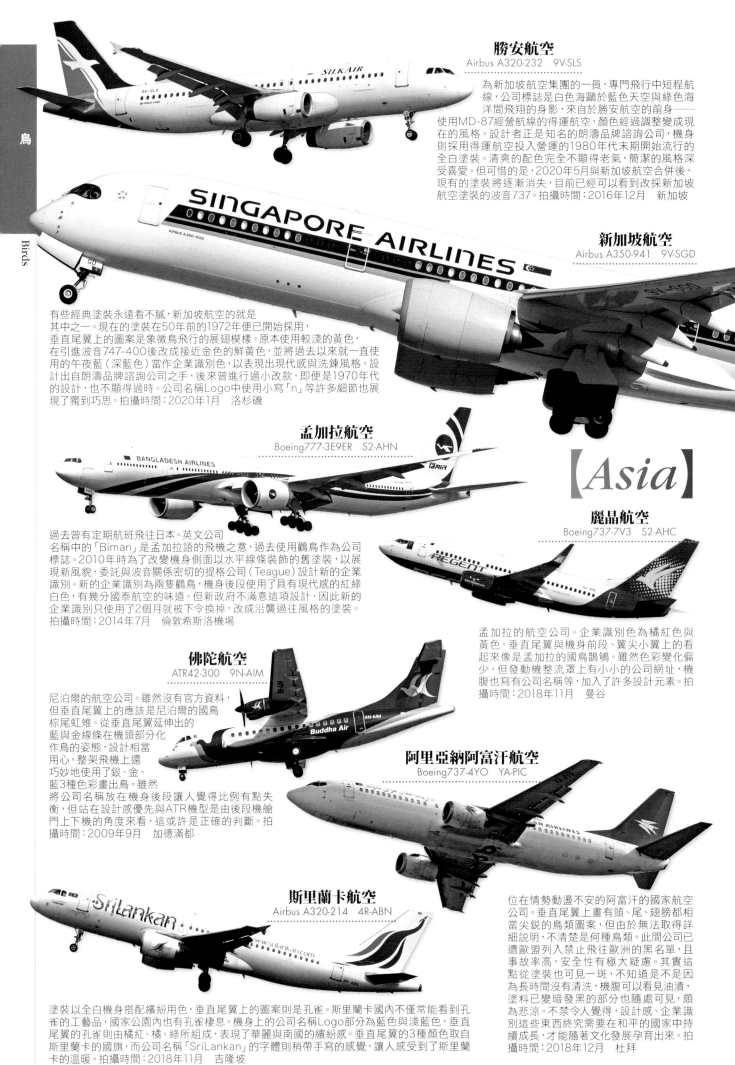

勝安航空
Airbus A320-232　9V-SLS

為新加坡航空集團的一員，專門飛行中短程航線，公司標誌是白色海鷗於藍色天空與綠色海洋間飛翔的身影，來自於勝安航空的前身——使用MD-87經營航線的得運航空，顏色經過調整變成現在的風格。設計者正是知名的朗濤品牌諮詢公司，機身則採用得運航空投入營運的1980年代末期開始流行的全白塗裝。清爽的配色完全不顯得老氣，簡潔的風格深受喜愛。但可惜的是，2020年5月與新加坡航空合併後，現有的塗裝將逐漸消失，目前已經可以看到改採新加坡航空塗裝的波音737。拍攝時間：2016年12月　新加坡

新加坡航空
Airbus A350-941　9V-SGD

有些經典塗裝永遠看不膩，新加坡航空的就是其中之一。現在的塗裝在50年前的1972年便已開始採用，垂直尾翼上的圖案是象徵鳥飛行的展翅模樣。原本使用較淺的黃色，在引進波音747-400後改成接近金色的鮮黃色，並將過去以來就一直使用的午夜藍（深藍色）當作企業識別色，以表現出現代感與洗鍊風格。設計出自朗濤品牌諮詢公司之手，後來曾進行過小改款，即便是1970年代的設計，也不顯得過時。公司名稱Logo中使用小寫「n」等許多細節也展現了獨到巧思。拍攝時間：2020年1月　洛杉磯

孟加拉航空
Boeing777-3E9ER　S2-AHN

過去曾有定期航班飛往日本。英文公司名稱中的「Biman」是孟加拉語的飛機之意，過去使用鸛鳥作為公司標誌。2010年時為了改變機身側面以水平線條裝飾的舊塗裝，以展現新風貌，委託與波音關係密切的提格公司（Teague）設計新的企業識別。新的企業識別為兩隻鸛鳥，機身後段使用了具有現代感的紅綠白色，有幾分國泰航空的味道。但新政府不滿意這項設計，因此新的企業識別只使用了2個月就被下令換掉，改成沿襲過往風格的塗裝。拍攝時間：2014年7月　倫敦希斯洛機場

【Asia】

麗晶航空
Boeing737-7V3　S2-AHC

孟加拉的航空公司。企業識別色為橘紅色與黃色，垂直尾翼與機身前段、翼尖小翼上的看起來像是孟加拉的國鳥鵲鴝。雖然色彩變化偏少，但發動機整流罩上有小小的公司網址，機腹也寫有公司名稱等，加入了許多設計元素。拍攝時間：2018年11月　曼谷

佛陀航空
ATR42-300　9N-AIM

尼泊爾的航空公司。雖然沒有官方資料，但垂直尾翼上的應該是尼泊爾的國鳥棕尾虹雉。從垂直尾翼延伸出的藍與金線條在機頭部分化作鳥的姿態，設計相當用心，整架飛機上還巧妙地使用了銀、金、藍3種色彩畫出鳥。雖然將公司名稱放在機身後段讓人覺得比例有點失衡，但站在設計感優先與ATR機型是由後段機艙門上下機的角度來看，這或許是正確的判斷。拍攝時間：2009年9月　加德滿都

阿里亞納阿富汗航空
Boeing737-4YO　YA-PIC

位在情勢動盪不安的阿富汗的國家航空公司。垂直尾翼上畫有頭、尾、翅膀都相當尖銳的鳥類圖案，但由於無法取得詳細說明，不清楚是何種鳥類。此間公司已遭歐盟列入禁止飛往歐洲的黑名單，且事故率高，安全性有極大疑慮。其實這點從塗裝也可見一斑，不知道是不是因為長時間沒有清洗，機腹可以看見油漬，塗料已變暗發黑的部分也隨處可見，頗為悲涼。不禁令人覺得，設計感、企業識別這些東西終究需要在和平的國家中持續成長，才能隨著文化發展孕育出來。拍攝時間：2018年12月　杜拜

斯里蘭卡航空
Airbus A320-214　4R-ABN

塗裝以全白機身搭配繽紛用色，垂直尾翼上的圖案則是孔雀。斯里蘭卡國內不僅常能看到孔雀的工藝品，國家公園內也有孔雀棲息。機身上的公司名稱Logo部分為藍色與淺藍色，垂直尾翼的孔雀則由橘紅、橘、綠所組成，表現了華麗與南國的繽紛感。垂直尾翼的3種顏色取自斯里蘭卡的國旗，而公司名稱「SriLankan」的字體則稍帶手寫的感覺，讓人感受到了斯里蘭卡的溫暖。拍攝時間：2018年11月　吉隆坡

土庫曼航空
Boeing737-82K　EZ-A020

土庫曼航空的機身彩
繪簡潔到幾乎用一句話就
可以説完，公司名稱、發動機整流罩、垂直
尾翼皆是土庫曼國旗的深綠色，垂直尾翼
上看起來像鴿子的鳥正展翅高飛，但由於
沒有官方資料，無法得知究竟是哪種鳥。曾
有美國的航空報導對其明快簡潔的塗裝設
計給予好評，認為與波音757尤其相襯，可
説是「簡單就是最好」這句話的寫照。雖然
希望他們連翼尖小翼也乾脆塗成綠色，
但或許這樣又太多餘了。拍攝時間：
2018年12月　杜拜

漢莎航空
Airbus A320-271N　D-AINR

為德國的國家航空公司。漢莎航空和日本航空一
樣，長久以來一直使用「鶴丸」的標誌，不過歷
史較日本航空更古老，1920年代便已採用鶴作為標
誌，從當時的飛機照片可以看出，L1049洛克希
德星座式客機的垂直尾翼上有著以黃色半圓形
為背景，與現在造型相似的鶴振翅飛翔的身影。
在歷經微幅改動後，於1967年成為現在的鶴丸
標誌。50年來也始終維持深藍色的用色，拿掉了
原本有的黃色，變得更為簡潔。拍攝時間：2019
年5月　倫敦蓋威克機場

LOT波蘭航空
Boeing787-8　SP-LRC

長年以來都是使用平面設計師格洛諾夫斯基
（Tadeusz Gronowski）在1929年設計的鶴作為垂直
尾翼上的圖案。現在的塗裝是配合2015年波音787投
入該公司機隊開始採用的，以全白機身搭配醒目大字
體營造出現代感，而深藍色的企業識別色與垂直尾翼
上的鶴則依舊不變。由於漢莎航空的新企業識別是垂
直尾翼全為深藍色，有人認為遠看時兩者顏色相近，會
難以分辨是漢莎航空還是LOT波蘭航空。拍攝時間：
2016年1月　日本成田機場

羅馬尼亞航空
Airbus A318-111　YR-ASA

在客機的垂直尾翼上畫有大　大的燕子圖案。
該公司自1950年代起便使用燕子作為標誌，至今仍未改變。機身上醒目的
TAROM是後方寫得較小的「Transporturile Aeriene ROMane」（羅馬尼
亞航空）縮寫。機身前段以加粗的醒目大字體寫上公司名稱，雖然有窗戶在
中間，但並不會難以辨識。過去的塗裝帶有紅色線條，1990年代時改成現
在以歐洲白（Eurowhite）為基底的塗裝。拍攝時間：2019年5月　倫敦希
斯洛機場

塞爾維亞航空
Airbus A319-132　YU-APJ

經營由貝爾格勒
飛往歐洲各地的航線，
前身為南斯拉夫航空，
塞爾維亞獨立後重組成
為塞爾維亞航空，目前
阿提哈德航空也持有該
公司股份。垂直尾翼上
的鳥是塞爾維亞的國徽
雙頭鷹。所使用的帶粉
紅色、深藍色、白色也
正是塞爾維亞國旗的顏
色。拍攝時間：2019年
5月　倫敦希斯洛機場

烏克蘭國際航空
Boeing737-8KV　UR-UID

垂直尾翼上鳥類標誌的喙部與翅膀十分有特色，並以國旗配色的淺藍色與黃色線條裝飾。過
去的舊塗裝風格較為老氣，品味並不是太好，而且塗裝品質不佳，甚至會看到底下的舊漆透
出來，實在是前所未見。不過目前的機身彩繪相當有時尚感，與歐洲其他航空公司相比也不遜
色。拍攝時間：2019年5月　倫敦蓋威克機場

馬爾默航空
BAe/Avro146 RJ100　SE-DSX

馬爾默航空來自瑞典斯堪尼省首府馬爾默。垂直尾翼上繪有戴著王冠、吐出舌頭的鳥。斯堪尼省的徽章便是紅底搭配黃色的這隻鳥，因此公司名稱Logo也使用了徽章的紅色。馬爾默在瑞典文中的寫法為Malmö。垂直尾翼至機尾部分散布著檸檬黃及黃色圓點等細節相當用心，雖然只是小型航空公司，但出色的塗裝讓人感受到了北歐設計的品味。拍攝時間：2015年6月　哥本哈根

優德魯航空
Embraer E190-E2　LN-WEB

優德魯航空是挪威的區域航線航空公司。2018年收到巴西工業交付最新型的E-2客機時，發表了目前使用的新塗裝。垂直尾翼上畫出了山與鳥的形象，機身部分則只有公司名稱，設計相當簡潔。拍攝時間：2019年5月　赫爾辛基

【Europe】

法羅群島大西洋航空
Airbus A319-112　OY-RCI

法羅群島位在英國北部、格陵蘭、挪威三地之間，該公司的標誌正是被指定為該島象徵的蠣鷸。垂直尾翼上除了畫有蠣鷸，並以5種深淺不一的藍色排列成漸層，使人聯想到島嶼周邊湛藍深邃的海洋。作為互補色，使用來自法羅群島旗幟上的橘色，蠣鷸的翅膀與翼尖小翼上半部都漆成橘色，使得藍色更加亮眼。拍攝時間：2019年1月　茵斯布魯克

為英國海峽群島的航空公司，垂直尾翼上逼真地畫出了可在英國北部島嶼見到的北極海鸚，發動機整流罩上則繪有根西行政區的旗幟，十分重視當地的獨特性。海峽群島雖然是英國王室屬地，但有自己的憲法與法律，相當有自主性。拍攝時間：2019年5月　倫敦蓋威克機場

Aurigny Air Services
Embraer E195STD　G-NSKY

是位於歐洲東南部巴爾幹半島上——蒙特內哥羅的國家航空公司，深藍色垂直尾翼上畫有鷲頭，取自於蒙特內哥羅國旗及國徽上的雙頭鷲，並設計成一筆畫般的風格。蒙特內哥羅過去是南斯拉夫的一部分，因獨立而擁有了自己的航空公司。塗裝採用現在流行的全白機身，機身下方與發動機整流罩、垂直尾翼則漆成深藍色，公司名稱Logo也同樣為深藍色，十分簡約。拍攝時間：2017年6月　蘇黎世

蒙特內哥羅航空
Fokker100　4O-AOA

SOLINAIR
Boeing737-4K5　S5-ABV

這是來自斯洛維尼亞的小型貨運航空公司，垂直尾翼畫有鳥的圖案。看起來不像是斯洛維尼亞的國鳥或有名的鳥類，不過頭部與尾部的獨特造型頗為討喜。拍攝時間：2015年　倫敦魯頓機場

鳥

SATA
Bombardier DHC-8-402Q CS-TRE

是大西洋上的葡萄牙屬地亞速群島的航空公司。以9塊幾何圖案組成的鳥代表亞速群島的9座主要島嶼，讓人聯想到比利時知名畫家馬格利特（René Magritte）的《大家族》中，鳥體內為藍天白雲的畫面，在歐洲也深受好評。機頭部分的大鳥與垂直尾翼上的鳥不僅用色不同，還使用帶有金屬光澤的藍色塗料繪製，會隨著光線變色。拍攝時間：2019年5月　豐沙爾

愛琴海航空
Airbus A321-231 SX-DVZ

此為希臘的航空公司，英文公司名稱「AEGEAN」即愛琴海之意。企業識別色以愛琴海的深藍色為基調，標誌則是兩隻迎面飛來的海鳥。由於大膽地讓標誌超出垂直尾翼的範圍，不仔細看的話，或許看不出來是鳥。不過駕駛艙下方及發動機整流罩繪有整個標誌，所以應該還是能辨認出來。機身並非全白，下方漆成淺灰色，交界處畫有深橘色線條，整體給人一種嚴謹有條理的印象。拍攝時間：2019年5月　倫敦蓋威克機場

地中海航空
Boeing737-405 SX-MAH

希臘的包機航空公司，垂直尾翼上以樸實的筆觸畫出鳥。值得注意的是，塗裝只以希臘國旗的淺藍與歐盟旗幟的深藍搭配全白機身。公司名稱部分也使用了獨特的字體，並加上與垂直尾翼造型不同的鳥以及太陽，在簡單中營造出清新脫俗感。拍攝時間：2017年6月　巴黎夏爾·戴高樂機場

土耳其航空
Airbus A330-303 TC-JNS

企業識別色是與土耳其國旗相同的紅與白。剛開始飛航日本時的塗裝還是窗戶部分漆有水平線條的古典風格，後來在A340交機時啟用了白底的新企業識別，並在2012年自家購入的波音777-300ER交機時進行小改款。原本白圈內有紅鳥的設計改成了白色圓框與反白的鳥，圓框也放大到超出垂直尾翼的範圍。機身後段還加上了原產國為土耳其的鬱金香圖案，在全白機身上做出變化。垂直尾翼上的鳥據說是鶴或海鷗，但實際上並不清楚。拍攝時間：2019年5月　倫敦希斯洛機場

【Middle East/Africa】

海灣航空
Boeing787-9 A9C-FC

過去由巴林、阿拉伯聯合大公國、阿曼三國共同經營，後兩者退出後，目前成為了巴林單獨一國的航空公司。海灣航空在2003年重新設計過去的黃金獵隼標誌，使其更具現代感，希望藉此尋回過去的榮景。垂直尾翼上逼真地畫出了鷹獵使用獵隼英勇飛行的姿態。機身前段使用金色塗裝等設計展現出強烈風格，令人感受到阿拉伯的富庶。拍攝時間：2019年5月　倫敦希斯洛機場

阿拉伯航空
Airbus A320-214　CN-NMF

為2003年成立的廉價航空，機身上有該公司網址，並同時寫上阿拉伯文，卻不顯突兀，設計相當巧妙。作為企業識別色的紅色是總公司所在地沙迦酋長國的國旗顏色，發動機整流罩、翼尖小翼、垂直尾翼上都有鳥展翅飛翔的圖案。根據當地人表示，阿拉伯人會使用獵隼進行鷹獵，因此圖案中的鳥可能是獵隼，不過官方並沒有明確說法。近來還出現了鳥的圖案超出垂直尾翼範圍的新塗裝。拍攝時間：2017年6月　巴黎夏爾·戴高樂機場

伊朗航空
Airbus A330-243　EP-IJA

馬漢航空
Airbus A340-642　EP-MMI

過去曾以波音747SP飛航日本航線的伊朗航空，在垂直尾翼上畫有負責守護黃金寶藏，獅身鷲首的傳說生物獅鷲獸，波斯語稱為HOMA。這個標誌是當地報紙於1961年舉行競圖選出的，波音707時代的塗裝在窗戶處有水平裝飾線條。近年來則以全白機身取代機身側面的線條，採用醒目大字與現代感的設計。除了公司名稱與垂直尾翼上的標誌外，機身的彩繪就只有伊朗國旗與機身後段的波斯文，公司名稱的字體也十分簡約。拍攝時間：2017年6月　蘇黎世

過去伊朗國王的王座後方畫有2隻孔雀，王座也被稱為「孔雀王座」。畫在伊朗民營馬漢航空垂直尾翼上的正是孔雀。除了垂直尾翼前緣以企業識別色的綠色呈現滾邊般的效果外，沒做什麼特別設計。該公司旗下的空巴A300在機身中段寫上公司名稱，A310則寫在機身前段，缺乏一致性。考量到伊朗的飛機曾因政治及貿易因素遭歐盟禁飛等過往，可以想見對該公司而言，或許有其他事項比設計更優先。拍攝時間：2019年1月　米蘭

伊朗阿塞曼航空
Airbus A320-231　EP-APE

科威特航空
Boeing777-369ER　9K-AGE

或許是因為缺乏設計概念，過去的塗裝塞入了太多元素而顯得雜亂無章，目前的版本已經相當有現代感。垂直尾翼和過去一樣，在圓形翅膀的鳥中間，則是4道新月與劍組成的伊朗國徽。配合機身上波浪狀線條的色彩，整架飛機的塗裝除了白色以外只使用2種顏色，更顯得簡潔時尚。拍攝時間：2015年3月　杜拜

阿拉伯國家科威特喜愛使用藍色，例如國徽上可以看到象徵波斯灣的藍色，足球國家代表隊的球衣也是藍色，位於首都科威特城的科威特塔同樣使用了美麗的鈷藍色波斯磁磚。科威特航空一直以來的塗裝也都以藍色為基調，目前的版本加上了吸睛的醒目大字。垂直尾翼及發動機整流罩藉由漸層色彩表現陰影，營造出了立體感。拍攝時間：2018年12月　杜拜

敘利亞航空
Airbus A320-232　YK-AKB

窗戶下方寫有大大的公司名稱「SYRIAN」，垂直尾翼上畫了一隻相當有特色的鳥。敘利亞的國徽是老鷹，但機身上的這隻鳥形象更為抽象，似乎不是特定品種。塗裝為簡潔的全白機身設計，發動機整流罩也塗成了藍色的企業識別色，並畫上標誌。有趣的是，翼尖小翼的部分畫有敘利亞的國旗。拍攝時間：2018年12月　杜拜

伊拉克航空
Boeing777-29MER　YI-AQZ

在兩伊戰爭前曾有飛往成田機場的定期航班，深綠色塗裝的波音747在當時的航空迷心目中留下了深刻印象。伊拉克進行戰後重建之際，航空公司也重新復活，但起初飛機是四處蒐集而來，無暇花心思在設計塗裝上，不過全白機身搭配綠及黃綠，垂直尾翼上畫有鳥的全新塗裝也是在此時出現的。機身左側是阿拉伯文的公司名稱，右側則是英文。美麗的新塗裝設計使人忘記了過去戰爭的陰影。拍攝時間：2014年5月　南加州物流機場

塔班航空
McDonnell Douglas MD-88　EP-TBC

許多中東的航空公司都使用鳳凰、大鵬等傳說中的巨大鳥類作為標誌,塔班航空的標誌也是由太陽與鳳凰組成。機身上有企業識別色的深藍色及深黃色線條,粗細隨著曲線帶有變化,這樣的設計相當適合機身細長的MD-80。機身上的公司名稱以英文與阿拉伯文寫成,發動機整流罩漆成了深藍色,在視覺上更顯平衡。拍攝時間:2014年12月杜拜

阿爾及利亞航空
Airbus A330-202　7T-VJX

垂直尾翼上畫的是阿爾及利亞的象徵——燕子。這個標誌發表於1966年,顏色與阿爾及利亞國旗上的月亮圖案相同。從機身前段延伸至垂直尾翼前的線條設計展現了獨特品味。除了國旗以外,機身的塗裝僅使用紅白兩色。發動機整流罩上也畫有該公司的標誌,但因為太小而不太明顯。拍攝時間:2019年1月　米蘭

開羅航空
Airbus A320-214　SU-BPX

開羅航空是埃及航空出資設立的廉價航空,塗裝為埃及航空過去的全白機身設計,垂直尾翼使用的深藍色也與埃及航空相同。仔細看會發現垂直尾翼上除了畫有鳥以外,「A」也換成了充滿埃及風的金字塔。拍攝時間:2019年1月　米蘭

【Middle East/Africa】

塞席爾航空
Airbus A330-243　A6-EYZ

為印度洋上的美麗島國塞席爾的國家航空公司,垂直尾翼上畫有2隻眼斑燕鷗。飛翔於蔚藍天空的純白眼斑燕鷗是塞席爾的象徵,綠與紅取自國旗,除了機身後段以手繪風斜斜塗上海洋般清爽的藍色外,另一項特色是以醒目大字寫上的公司名稱全都使用小寫。而且「air」的文字顏色較淺,因此讓人對目的地「塞席爾」更加印象深刻。拍攝時間:2016年7月　香港

南非連接航空
BAe/Avro146 RJ85　ZS-SSI

為是南非航空的子公司,負責區域航線,塗裝設計與母公司有微妙的不同。垂直尾翼上的圖案以南非國旗為意象,是一隻花俏的鳥,有別於母公司,風格較為簡單。圖中的機型為BAe146,但由於是高翼機,因此不容易看見機身上的公司名稱。拍攝時間:2012年1月　約翰尼斯堡

紐幾內亞航空
Boeing737-86Q　P2-PXC

紐幾內亞航空的班機皆於晚間飛抵日本成田機場，垂直尾翼上畫的是巴布亞紐幾內亞的象徵——天堂鳥，僅雄鳥的成鳥有華麗的裝飾羽毛，並以求偶舞為人所知。機身的線條有如天堂鳥美麗尾羽飄逸的姿態，更加展現熱帶國度的風情，是相當加分的設計。拍攝時間：2018年3月　日本成田機場

銀色航空
ATR42-600　N406SV

公司名稱雖然是銀色，但機身是粉紅色。機身前段以銀色圓圈表現出螺旋槳旋轉的感覺。過去的塗裝在發動機整流罩上畫有紅鶴，現在則將紅鶴移到垂直尾翼。鮮豔的粉紅色象徵棲息於佛羅里達州的紅鶴。拍攝時間：2020年1月　羅德岱堡（佛羅里達）

Capital Airways
Boeing737-301　N501UW

這家航空公司設立於美國，但卻不曾正式飛航營運。由於拍到了垂直尾翼上逼真的老鷹，因此放在這裡介紹。因應公司名稱意指首都，標誌也使用了常與星條旗一同出現的老鷹。雖然機身彩繪表現出想要翱翔天空的企圖心，但截至2020年2月時，該公司旗下的飛機仍處於保管狀態。希望這隻老鷹有朝一日能夠展翅高飛。拍攝時間：2015年5月　奧帕洛卡

安的列斯航空
ATR72-600　F-OMYN

來自瓜地洛普的區域航線航空公司，過去的機身彩繪畫的是加勒比海繽紛的花朵及樹葉。換上新塗裝後，以鳥為造型的公司標誌成了主要元素，垂直尾翼由深淺不一的綠色交疊在一起。整體設計十分美麗，在豔陽下看起來更是耀眼。拍攝時間：2020年1月　聖馬丁島

TAB
McDonnell Douglas DC-10-30F　CP-2555

Transportes Aereos Bolivianos是來自玻利維亞的貨運航空公司，以清爽的淺藍與深藍配色在機身上畫出被當作玻利維亞國徽的康多兀鷲。許多開發中國家的小貨運航空公司在塗裝方面較為馬虎，但該公司淺藍色線條的複雜樣式，以及在容易弄髒的機腹部分使用深藍色遮蓋等設計展現出相當的用心。另一項亮點是公司名稱中A的部分使用了玻利維亞國旗的三種顏色點綴。拍攝時間：2011年2月　邁阿密

加勒比航空
Boeing737-8Q8　9Y-KIN

加勒比航空來自加勒比海小國千里達及托巴哥共和國，過去以BWIA（British West Indian Airways）的名稱營運。當時的塗裝十分有特色，但看起來只讓人感覺像是蓮藕，現在則是逼真地畫出了千里達及托巴哥共和國美麗的蜂鳥，在翼尖小翼上也畫有翅膀。由於千里達及托巴哥共和國是著名的賞鳥地，因此不難理解機身塗裝為何會使用如　　　　此逼真的鳥。拍攝時間：2020年1月聖馬丁島

蘇利南航空
Boeing737-36N　PZ-TCN

蘇利南是南美洲唯一使用荷蘭語作為官方語言的國家，有定期航班往來邁阿密及阿姆斯特丹。公司名稱及機身上宛如流動的綠色家徽棲息於蘇利南叢林的圭亞那動冠傘鳥。從塗裝的顏色就能感受到這是南美洲的航空公司，紅到黃等4種顏色漸層排列，逐漸變細，留下一段空白的設計，簡潔美麗，看起來賞心悅目。拍攝時間：2015年5月　邁阿密

鳥

Birds

動物・昆蟲・神話生物

與各種動物、神話中出現的生物一同飛上天空

　　航空公司最常用鳥當作標誌，但也有航空公司選用能夠表現自己國家形象的其他動物或昆蟲。除了在垂直尾翼上逼真地描繪出動物外，有些航空公司畫的則是神話裡的生物，設計可說是五花八門。標誌能夠多大程度表現出航空公司或國家的形象固然是重點，但其實也有些設計，讓人完全無法將兩者聯想在一起。

台灣虎航
Airbus A320-232　B-50016

台灣虎航是新加坡航空與華航合資在台灣設立的廉價航空。新加坡的虎航已經遭酷航合併而不存在，台灣虎航後來則成為華航百分之百的子公司繼續營運，風格強烈的虎紋塗裝班機依舊翱翔於天空。其實新加坡和台灣都沒有原生的老虎，但老虎在東南亞是力量的象徵。
拍攝時間：2019年4月　日本中部國際機場

眞航空
Boeing737-8Q8　HL7786

沒仔細看的話或許不會發現，垂直尾翼上的蝴蝶標誌中央其實是飛機的剪影。該公司抱持的理念希望像蝴蝶效應所說的，一隻蝴蝶拍動翅膀也能引發颱風般的巨大變化；雖然自己是間小航空公司，但將成為對航空業界具有影響力的廉價航空。拍攝時間：2019年9月　日本關西機場

北京首都航空
Airbus A320-232　B-6746

設立之初的名稱為金鹿航空（Deer Jet），當時以鹿作為標誌。更改名稱後，使用的則是看起來像龍也像虎的標誌。由於是海南航空集團的一員，塗裝用上了接近橘色的紅與黃，機身後段有如筆刷般的線條也是一大特色。該公司也有飛往靜岡等日本各地機場的定期航班。拍攝時間：2016年8月　鄭州

深圳航空
Airbus A320-214　B-6312

標誌的圖案看起來像鳥，但卻又有手，可說是謎樣的動物。由於沒有官方資料，無從得知到底是什麼動物。鮮紅色垂直尾翼搭配機身後段的金色與紅褐色斜線，讓整體設計充滿中國風。拍攝時間：2018年8月　日本關西機場

福州航空
Boeing737-84P　B-5503

為海南航空旗下的公司，除駕駛艙後方有小小的海南航空集團標誌「HNA」的字樣外，機身其他部分的塗裝完全是原創設計。垂直尾翼上的「福」字化作龍的圖案，機身上波浪狀線條的前端則有如孫悟空的觔斗雲。拍攝時間：2016年8月　鄭州

長龍航空
Airbus A320-214　B-8983

英文名稱為LOONG AIR，於2019年開始營運飛往日本中部國際機場的定期航線。明亮的淺藍色與橘紅色塗裝即使在機場也十分醒目。垂直尾翼與機身前段以不同顏色畫出了龍的圖案，張口噴火的威猛姿態讓人印象深刻。中國原本就崇尚龍，並將龍視為權威的象徵，保留中國風的同時又融入其他航空公司見不到的前衛設計，成了這款塗裝的一大特色。拍攝時間：2019年11月　日本中部國際機場

蒙古民用航空
Boeing737-8AS　EI-CSG

蒙古人自蒙古帝國時代起就是遊牧民族，也是騎兵，垂直尾翼的圖案與該公司標誌自豪地使用了馬及翅膀的圖案。馬是蒙古最具代表性的動物，除了使用於國徽外，民間故事中也有長著翅膀的馬現身。拍攝時間：2018年10月　日本成田機場

緬甸國際航空
Airbus A319-111 XY-AGU

標誌是有如神話中出現的飛馬，但由於沒有官方資料，因此不清楚詳情。企業識別色的黃與藍色條自垂直尾翼往機身前段延伸，但在機身中央留有一段空白，設計相當獨特。曼谷等東南亞的城市可以看到該公司飛機的身影。拍攝時間：2016年12月　新加坡

不丹皇家航空
Airbus A319-112　A5-RGI

直接在垂直尾翼畫上了不丹的國旗，雖然可以將此歸在國旗類，不過因為很仔細地畫出了國旗上的龍，所以放在這個分類。不丹有時會自稱為「龍之國」，公司名稱中的「Druk」即為雷龍之意，直譯的話也可以叫作「龍航空」。塗裝除了國旗的黃與橘外，機腹與發動機漆成了深藍色，使得橘色與黃色更為醒目。拍攝時間：2014年12月　新加坡

吉祥航空
Airbus A320-214　B-8236

吉祥航空的營運基地位在上海，主打高品質服務，瞄準商務人士作為主要客群。用於垂直尾翼與發動機整流罩的紅褐色為企業識別色，此外還畫上了金龍。機身各處運用金色展現出中國風的高雅形象。繼開設日本關西機場航線後，後來又陸續增加了飛往羽田、成田、中部、新千歲、福岡等日本各地的航點。拍攝時間：2018年8月　日本新千歲機場

獅子航空／飛翼航空／泰國獅子航空

Boeing737-8GP　PK-LJR

拍攝時間：2018年11月　吉隆坡

ATR72-600　PK-WGL

拍攝時間：2017年4月　丹帕沙

是間來自印尼，成長快速的廉價航空。垂直尾翼上畫的圖案像是有翅膀的獅子。翼尖小翼、發動機整流罩、垂直尾翼的方向舵部分都漆成紅色的企業識別色，為塗裝增添變化。另外，除了馬印航空，有經營日本航線的泰國獅子航空、獅子航空旗下的區域航線航空公司飛翼航空也都採用相同的機身彩繪。

Airbus A330-941　HS-LAK

拍攝時間：2019年12月　日本成田機場

馬爾地夫航空
Bombardier DHC-8-300　8Q-IAK

航空公司使用會飛的動物當作標誌相當常見，但使用海洋生物就很少了，馬爾地夫航空便是其中之一。在垂直尾翼上逼真畫出在當地可以看到的海豚跳躍模樣。而公司名稱的字體看起來也有如馬爾地夫的波浪與一座座島嶼。
拍攝時間：2016年11月　馬列

俄羅斯飛馬航空
Boeing767-3Q8ER　VP-BMC

來自俄羅斯，經營定期與包機航班，垂直尾翼上畫的是希臘神話中長有翅膀的飛馬。公司名稱與機身後段使用的藍色帶有金屬光澤，並搭配了綠及銀等互補色，淡化國籍色彩，因此不太有俄羅斯的感覺。另外，機身前段艙門旁小小的IKAR字樣是該公司的正式名稱。拍攝時間：2017年3月　普吉島

法國蜜蜂航空
Airbus A350-941　F-HREV

2016年以法國藍色航空之名起步時便採用此塗裝，並寫有French Blue的公司名稱。以4種深淺不一的藍色描繪蝴蝶，營造出法國時髦的形象。但根據媒體報導，該公司開設美國航線時，因捷藍航空認為公司名稱容易造成混淆而提出異議，於是更名為法國蜜蜂航空。因此出現了公司標誌是蝴蝶，名稱卻是蜜蜂的奇特狀況。由於蜜蜂也可以用來指辛勤工作的人，或許該公司想表達的是這個意思。拍攝時間：2019年11月　舊金山

卡達航空
Boeing777-3DZER　A7-BEU
拍攝時間：2019年8月　雅典

阿瑪哈航空
Airbus A320-214　A7-LAB
拍攝時間：2016年3月　阿布達比

垂直尾翼上畫的是棲息於中東的阿拉伯大羚羊。機身彩繪使用亮灰色搭配卡達國旗上的紫褐色，有別於其他航空公司的用色令人印象深刻。日本雖然也看得到該公司的飛機，但由於班機大多是傍晚抵達、夜間起飛，因此在白天看到的機會並不多。卡達航空旗下的阿瑪哈航空營運基地位在沙烏地阿拉伯，使用該國的深綠色作為企業識別色，垂直尾翼上的阿拉伯大羚羊與卡達航空相同。

安哥拉航空
Boeing777-3M2ER　D2-TEK

從過去以來，只要說到垂直尾翼上有袋鼠，就讓人想到澳洲航空。雖然袋鼠不會飛，不過因為是澳洲的象徵且擅長跳躍，當作標誌再適合不過了。標誌近年進行過小幅修改，袋鼠變得苗條，更加銳利了一些。公司名稱的字體也改得較為柔和，但看得出其中差別的人應該不多。拍攝時間：2019年5月　倫敦希斯洛機場

垂直尾翼上的圖案是棲息於非洲西南部的羚羊。塗裝使用鮮豔的橘色與紅色劃過機身側面，展現強烈非洲風情。由於遭部分歐盟國家禁飛，因此除了非洲以外，只能在某些歐洲及南美洲的機場看見該公司的飛機。拍攝時間：2019年5月　里斯本

澳洲航空
Boeing787-9　VH-ZNG

突尼西亞航空
Airbus A330-243　TS-IFM

在垂直尾翼上描繪出跳躍的鹿，並有多道細線一直延伸至機身下方的塗裝極具特色。除了突尼西亞國旗的紅色以外，基本上沒有任何其他色彩的簡約用色也是一大設計重點。拍攝時間：2017年6月　巴黎-奧利機場

花卉‧植物

五彩繽紛的美麗花朵在機身上綻放

　　有些航空公司選擇使用代表該國的花卉或植物當作標誌，表現出在地元素。植物也可以聯想到公司的形象，或象徵特定的國家、地域，例如來自熱帶國家的航空公司，便會畫上在南方島嶼盛開的花卉。花卉及植物也常見於美國各州的州旗或歐洲國家國徽，由此可知，這很適合作為標誌且容易識別的元素。

加拿大航空
Boeing737-MAX8　C-FTJV

使用國旗上也有出現的楓葉。2017年時該公司將企業識別色由原本的藍綠色換成1990年代使用過的深藍色垂直尾翼搭配紅色楓葉。這款新的塗裝設計遠遠看起來與達美航空頗為相似，不過駕駛艙部分彷彿畫上眼影等巧思展現了嶄新的形象。拍攝時間：2019年2月　洛杉磯

加拿大胭脂航空
Boeing767-333ER　C-FMWY

為加拿大航空的子公司，以低成本經營非商務航線，使用加拿大國旗的紅色作為企業識別色。機尾的巨大楓葉標誌超出了垂直尾翼的範圍，可以說比母公司加拿大航空更加強調加拿大的元素。公司名稱Logo以手寫字體表現出與加拿大航空的不同。拍攝時間：2019年8月　雅典

加勒比海航空
Airbus A350-941　F-HHAV

加勒比海航空來自法國的海外省，位在加勒比海的瓜地洛普。垂直尾翼與馬達加斯加航空一樣，畫的是「旅人蕉」，不過馬達加斯加航空的圖案是單一顏色，加勒比海航空版則是彩色的。機身同樣畫有美麗的旅人蕉圖案。藍色與淺藍色的漸層色彩設計也賞心悅目，不愧是有法國血統的航空公司。拍攝時間：2017年6月　巴黎-奧利機場

垂直尾翼上是名為大溪地梔子花的白色花朵。機身的2種藍色讓人聯想到大海，機身前段則有象徵國旗的紅色細線往後延伸。駕駛艙後方除了大溪地的旗幟外，還寫上了用大溪地的各座島嶼名稱為每架飛機取的暱稱。2019年時將旗下機隊由空巴A340變更為波音787，同時也在機身後段淺藍色的部分加上了當地的傳統紋樣。拍攝時間：2019年11月　日本成田機場

大溪地航空
Boeing787-9　F-OVAA

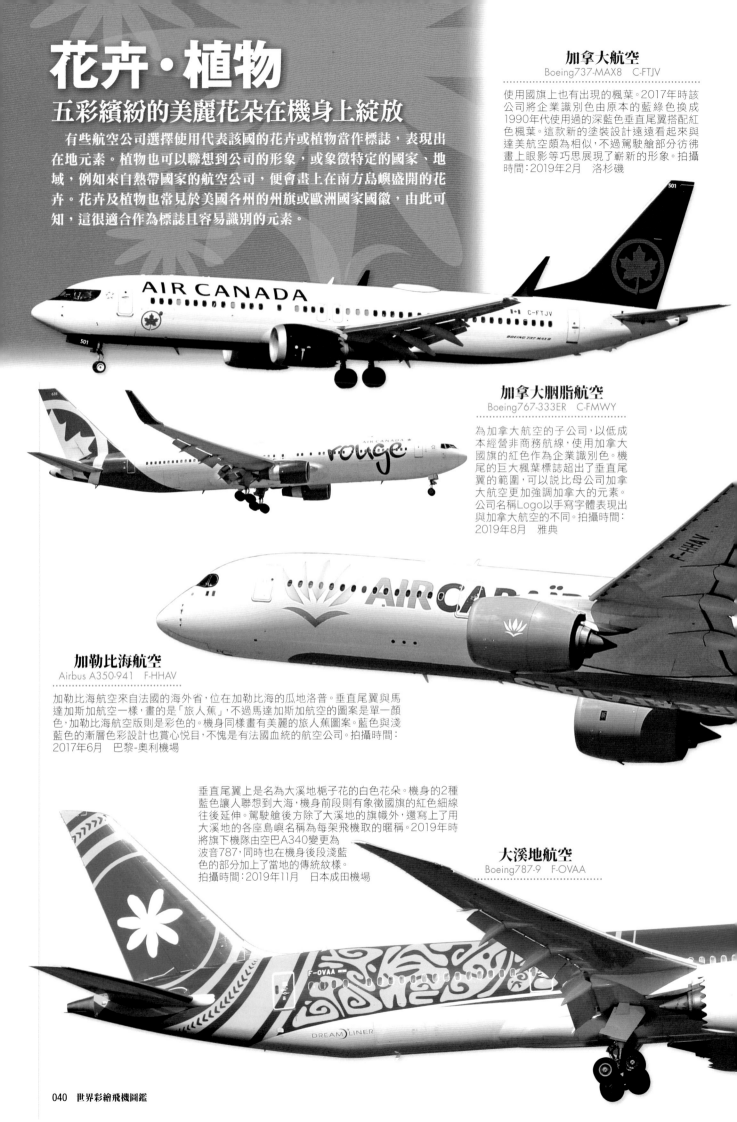

拉羅湯加航空
SAAB340A　E5-EFS

垂直尾翼上描繪著生長於庫克群島的大溪地梔子花。雖然花朵實際上是白色的,但在這裡塗成了粉色。垂直尾翼的2種藍色展現出海洋氣息,給人清爽印象。出色的塗裝設計讓人想像不到這只是一家海島小國的區域航線航空公司。拍攝時間:2009年11月　阿伊圖塔基島(庫克群島)

喀里多尼亞航空
Airbus A330-941　F-ONEO

垂直尾翼上繪有美麗的木槿,機身後段並畫上了喀里多尼亞觀光局的心形標誌。雖然機身採簡約的全白設計,沒有線條或波浪等裝飾,卻寫上了大大的公司名稱,發動機整流罩上也畫有木槿,營造出繽紛華麗的感覺。若再更仔細看,藍色底下以淺藍色畫出了潟湖及讓人感受到生物多樣性、當地文化的圖案。拍攝時間:2019年9月　日本成田機場

紐西蘭航空
Boeing777-319ER　ZK-OKP

紐西蘭航空目前的塗裝僅有黑白兩色,但過去曾長年使用藍色與翡翠綠的塗裝。機身後段畫有生長於紐西蘭的銀葉蕨,這是紐西蘭的象徵植物,橄欖球等國家代表隊也以此作為標誌。垂直尾翼上的標誌則是被稱作「科魯」(koru)的蕨類植物,該公司貴賓室的名稱也叫作「Koru Lounge」。另外,紐西蘭航空有數架飛機為橄欖球國家隊「全黑」的特別塗裝,整架飛機除標誌與公司名稱外,皆為黑色。拍攝時間:2019年5月　日本成田機場

中華航空
Boeing737-8SH　B-18660

垂直尾翼上有如毛筆畫出的台灣國花——梅花為一大特色。公司名稱Logo旁有像是蓋上印章般的「華航」字樣。機身前段以紫色與深藍色斜線裝飾,顯得俐落有精神。垂直尾翼則加上漸層的淺紫色,使整體更有一致感。拍攝時間:2019年10月　日本關西機場

中國南方航空
Airbus A321-231　B-2288

垂直尾翼上是該公司營運基地所在地廣
州的市花──木棉花盛開時鮮紅的模樣。
其底色為藍寶石色，機身側面也有藍寶石
色與藍色的線條裝飾延伸至後段，這樣的
直線設計頗有復古感。拍攝時間：2019年
9月　日本中部國際機場

越竹航空
Airbus A321-251N　VN-A588

來自越南，是近來迅速竄起的新興航空公司。
雖然2017年才成立，但不斷下訂新機，已有波音787
交機，也開設了飛往日本的包機航班。垂直尾翼畫有竹子的圖案，
綠色代表生命力，藍色象徵與母公司集團的淵源，淺藍色則展現了開拓精神與待
客之道。將機身前段的艙門漆成黃綠色也是一大亮點。看到這黃綠色的艙門，有
些人或許會想起過往的法國聯合航空吧。拍攝時間：2019年4月　茨城

泰國國際航空
Airbus A380-841　HS-TUE

垂直尾翼上畫的是著名的高級
花卉──蘭花的抽象化圖案。
該公司的里程累積回饋方案、
貴賓室也命名為「皇家風蘭」，
將蘭花當成了企業識別符號。
有如纏繞在機身後段的紫色、
金色與紅色細線，帶有泰國絲
綢般的光澤，看起來也像是泰
國傳統服飾的下襬。斜光照射
下的紫色看起來非常美麗。拍
攝時間：2019年5月　倫敦希
斯洛機場

幸福航空
Xian MA60　B-3450

英文名稱為Joy air，是營運基地位在西安的區域航線航空公司。雖然沒
有官方資料，但垂直尾翼上的圖案應該是西安著名的蓮花。紅色是中國
國旗及代表喜慶的顏色，搭配黃色蓮花看起來自然而協調。但公司名稱使
用藍色，感覺有些不搭調。拍攝時間：2016年8月　鄭州
※幸福航空在2021年已將主色調改成藍色，設計也有略為調整

寮國航空
Airbus A320-214　RDPL-34199

垂直尾翼上畫的是寮國的國花緬梔花。塗裝風格雖然簡單，但具有現代感，似乎象徵著寮國今後將成為亞洲的觀光大國，發展得更為繁榮。駕駛艙後方也畫上了緬梔花當作裝飾，相當有意思。拍攝時間：2013年1月　曼谷

越南航空
Airbus A350-941　VN-A887

垂直尾翼上的圖案是越南的國花蓮花，這同時也是該公司的企業識別形象。目前的機身彩繪是在2015年引進空巴A350時所發表，對上一代做出了小幅更動。除了將蓮花放大到超過垂直尾翼的範圍外，機身下方的曲線也營造出清爽的感覺。機身雖然是深綠色，但看起來也像是帶有藍色的綠色，時常引發討論這究竟是綠色或藍色，相當獨特。你覺得這看起來是什麼顏色呢？拍攝時間：2019年9月　日本中部國際機場

風玫瑰航空
Airbus A321-211　UR-WRO

來自烏克蘭的航空公司，「風玫瑰」是一種用來表示風向、風速的圖表。垂直尾翼上的圖案看起來像風玫瑰圖，也像是風車。由於使用玫瑰色作為企業識別色，而且玫瑰在烏克蘭又很受歡迎，因此放在此分類介紹。翡翠綠色搭配橘紅色的配色可能令人匪夷所思，但也正好符合烏克蘭的異國情調，讓人印象深刻。拍攝時間：2015年3月　哥本哈根

柬埔寨JC國際航空
Airbus A320-214　XU-998

2017年開始營運的航空公司，垂直尾翼的圖案是柬埔寨的國花米香花，紅色轉為深藍色的漸層色彩則代表柬埔寨的國旗。塗裝並沒有做特別的設計，全白機身上僅有英文與高棉文的公司名稱，十分簡約。遺憾的是飛機看起來似乎有點髒。拍攝時間：2018年4月　金邊

緬甸國家航空
Boeing737-86N　XY-ALF

正式名稱是Myanmar National Airlines，垂直尾翼上的標誌是類似菊花徽章的法輪。日本天皇家使用的菊花徽章為16瓣，而緬甸國家航空的則是24瓣的菊花法輪，也帶有像車輪般傳布佛教教義的意涵在其中。周圍的圖案也是在緬甸的寺廟常見的佛教繪畫，但設計得十分巧妙，並未讓宗教色彩搶過國家形象的鋒頭。拍攝時間：2018年11月　新加坡

芒果航空
Boeing737-8BG ZS-SJGV

是南非的廉價航空，機身並非芒果的黃色或綠色，而是刺眼的橘色，也沒有畫出芒果。這樣的用色極為顯眼，公司名稱Logo看起來也像小朋友的塗鴉般，充滿特色。機身中段用黃色寫上該公司的網址，但由於機身顏色及標誌風格過於強烈，反而不容易被注意到。拍攝時間：2012年1月　開普敦

MEA
Airbus A330-243　OD-MEA

MEA是中東航空的縮寫，來自黎巴嫩。垂直尾翼上畫著也出現黎巴嫩國旗上的雪松，上下的紅色線條設計同樣來自國旗。機身側面的線條與公司名稱使用了3種顏色，綠色代表黎巴嫩雪松，藍色代表地中海，紅色則象徵國旗。翼尖小翼也漆成了這三種顏色。拍攝時間：2019年5月　倫敦

木棉洲際航空
Boeing777-2FBLR　CS-TQX

這間是赤道幾內亞的航空公司，垂直尾翼畫有出現於國旗及國徽的吉貝木棉。垂直尾翼的底色是銀灰色，機身側面的細線則使用與國旗顏色相同的綠、藍、紅、白色。拍攝時間：2014年3月　日本成田機場

馬達加斯加航空
Airbus A340-313　5R-EAA

來自印度洋上的島國馬達加斯加，垂直尾翼上畫的是旅人蕉的巨大樹葉。旅人蕉的葉鞘能儲存雨水，供沙漠中的旅人在緊急時飲用，與猢猻木同為馬達加斯加的著名樹木。垂直尾翼以深褐色為底，搭配紅色的旅人蕉圖案作為背景，又用銀色畫出完整的圖案，設計非常用心。公司名稱的綠色文字也是一大亮點。拍攝時間：2017年6月　巴黎夏爾·戴高樂機場

四季酒店
Boeing757-2K2　G-TCSX

這並不是航空公司的飛機，而是世界知名的飯店品牌「四季酒店」每年舉辦環球旅行時使用的波音757，垂直尾翼上畫有四季酒店的樹木標誌，整架飛機為高級質感的黑色。飛航則是由英國的TAG Aviation負責。另外，四季酒店的標誌以上下左右四個位置的樹葉多寡，表現出一年四季的更迭。拍攝時間：2016年4月　雪梨

愛爾蘭航空
Airbus A320-214　EI-DVB

三葉草是愛爾蘭的國花，當地稱之為「SHAMROCK」，這也是愛爾蘭航空的呼號。與愛爾蘭有關的商品經常用到三葉草，政府也認可其為愛爾蘭的象徵。目前的塗裝為2019年亮相的新企業識別，除了採用現代感的全白機身，垂直尾翼的三葉草還加上了陰影。公司名稱的字體及標誌的線條也變得更為柔和。拍攝時間：2019年5月　倫敦希斯洛機場

賽普勒斯航空
Airbus A319-114　5B-DCX

這是2017年開始營運的航空公司，與過去曾經存在的賽普勒斯航空不同，但前方艙門旁有小小的舊賽普勒斯航空標誌。垂直尾翼與發動機整流罩畫有該公司的標誌——橄欖枝。機腹塗成了屬於中間色的淺綠色，橄欖枝的葉子顏色也由下往上逐漸變亮，在設計上相當用心。拍攝時間：2019年8月　雅典

沙烏地阿拉伯航空
Boeing777-3FGER　HZ-AK39

垂直尾翼上的圖案為椰子樹與劍，是沙烏地阿拉伯王室沙烏地家的徽章，也是沙烏地阿拉伯國徽。漆成奶油色的機身有一道金色細線，與下方的象牙色做出區別，整體塗裝表現了沙漠國家的形象。機身上現在寫的是SAUDIA，在此之前是SAUDI ARABIAN，1990年代時則同樣是SAUDIA。拍攝時間：2019年5月　倫敦希斯洛機場

雪絨花航空
Airbus A330-223　HB-JHQ

來自瑞士的航空公司，夏季有時會充當瑞士國際航空的臨時航班飛往成田機場。垂直尾翼與機頭部分直接畫出了用於該公司名稱的雪絨花。雪絨花是高山植物，也是象徵高貴的花卉。拍攝時間：2017年6月　蘇黎世

因複合材料普及而逐漸消失
展現獨特光芒的裸金屬色飛機

美國航空

Boeing777-223ER　N756AM

過去長年以裸金屬色亮相的美國航空是在2013年改為現在的塗裝。直到前幾年還很常看見這個版本，但現在除了長眠於沙漠的機體外，已經無緣再見了。美國航空在1980年代引進空巴A300-600R時，因A300機身材質的關係而無法採用裸金屬色塗裝，於是漆成了淺灰色。不過這項問題後來得到了解決，除了垂直尾翼與機尾兩個部分外，整架飛機都與其他飛機一樣是裸金屬色。拍攝時間：2012年12月　日本成田機場

回顧飛機的歷史可以得知，飛機過往是以木材製成，後來演變成使用金屬製造。道格拉斯DC-3等飛機帶著金屬光芒的機身成為了新式飛機的象徵，1930～1950年代許多客機都直接將金屬材質裸露在外。一般認為裸金屬色由於不需塗裝，可減輕飛機重量，有助於改善油耗，但其實還是得塗上保護劑代替彩色塗料。另外，由於會看到水垢等明顯的髒污，必須定期使用機器拋光，而這便有進行拋光時刷子會刮傷窗戶的缺點。

漢莎航空及加拿大航空曾進行裸金屬色的塗裝實驗，想要了解油耗與蒙皮的保養成本，但兩家公司最後都沒有正式採用。至於日本航空及國泰航空的貨物專用機由於沒有客艙的窗戶，因此都是裸金屬色。但日本航空在貨物專用機退役後便已不再有裸金屬色的飛機，國泰航空也在引進波音747-8F後，停止採用裸金屬色。裸金屬色或許能些微改善油耗，但考量到為此付出的人力、物力，仍舊是不合乎成本。

美國航空旗下的飛機曾經長年來都是裸金屬色的造型，但在2013年時，睽違45年後更改了設計，這次的改款雖然仍是使用金屬光澤的塗料，但變成了一般的塗裝。波音787及空巴A350等近年來研發的機型，採用碳纖維與塑膠複合材料取代了金屬材質，因此如果只塗上透明的保護劑而沒有塗裝的話，會呈現有如軍機般的暗沉色彩。這也是造成裸金屬色的飛機大量消失的原因之一。

墨西哥國際航空

Boeing767-3Q8ER　XA-APB

現在的機身雖然是白色，但上一代的塗裝是裸金屬色。為了保護窗戶，裸金屬色的飛機通常會在窗戶位置漆上有顏色的水平線條。但墨西哥國際航空採用的是機腹漆成深藍色，窗戶位置沒有塗裝的罕見設計（更上一代的塗裝在窗戶位置有水平線條裝飾）。拍攝時間：2010年8月　日本成田機場

西佛羅里達國際航空

Boeing767-316F　N316LA

圖中的飛機是西佛羅里達國際航空的波音767F貨機，閃亮的銀色機身上只寫了公司名稱。該公司已在2017年停止營運，這架飛機則是來到了ANA Cargo使用JA605F的機身編號，並換上ANA的塗裝，以日本成田機場為基地繼續飛行。拍攝時間：2009年12月邁阿密

日本航空／
JAL CARGO

Boeing747-446F　JA401J

日本航空的第一架裸金屬色飛機是1992年時為了進行拋光蒙皮測試，去除原本塗裝的波音747-200F，機身編號JA8180。古典型波音747僅有這一架，另外的2架波音747-400F與3架波音767-300F自引進時便是裸金屬色，始終保養得極為光亮，幾乎可倒映出周遭景色。但日本航空在陷入經營困難後停止營運貨機，2010年11月以後便再也看不到任何裸金屬色的飛機了。拍攝時間：2009年4月　日本成田機場

國泰貨運

Boeing747-467F　B-HUH

國泰是亞洲最大的貨運航空公司，旗下有許多波音747F。貨機的塗裝基本上與客機相同，為全白機身，不過一部分波音747-200F與747-400F為裸金屬色。但在引進目前的主力貨機747-8F後，包括747-400F在內已經完全看不到裸金屬色塗裝了。拍攝時間：2007年6月　香港

夏威夷航空

DC-10-30

在1994年接手美國航空的中古飛機，用於飛往美國本土，並延續了美國航空時代的裸金屬色塗裝，而該公司飛航夏威夷各島嶼間航線的DC-9機身則漆成全白。但他們並沒有沿用美國航空塗裝的機身側面水平線條裝飾，而是漆成自家公司專屬的樣式。拍攝時間：2001年　檀香山

全祿航空

DC-10-30　N140AA

這間是俄羅斯的航空公司，圖為該公司向美國航空租借的DC-10。與夏威夷航空一樣，雖然整體為美國航空的塗裝風格，但機身側面的水平線條裝飾漆成了自家公司的樣式。拍攝時間：1995年　洛杉磯

彼得蒙航空

Boing767-201ER　N649US

這架彼得蒙航空的波音767雖然是裸金屬色塗裝，顏色卻顯得暗沉。或許是因為當時面臨了公司遭併購等狀況，造成人心惶惶，難以顧及到飛機保養。這也說明了裸金屬色的飛機如果沒有進行拋光，將會失去金屬光澤而黯淡無光的例子。拍攝時間：1989年3月　洛杉磯

全美航空

Boeing767-201ER　N648US

圖為亞利根尼航空、彼得蒙航空等數家公司合併而成的全美航空旗下飛機1990年代時的模樣。飛機大多保養得十分完善，並拋光得整潔光亮。全美航空在2005年與美西航空合併，英文名稱改為US Airways，塗裝也從裸金屬色變成了白底。2013年時則被併入過去曾長期使用裸金屬色塗裝的美國航空。拍攝時間：1995年10月　洛杉磯

聯邦快遞航空

Boeing747-249F　N633FE

聯邦快遞航空（現在的聯邦快遞）在1988年時併購了美國的貨運航空公司巨擘飛虎航空，投入國際貨運市場。由於接收了飛虎航空的飛機，併購之初仍然是飛虎航空時代的裸金屬色塗裝，並依稀看得到被抹去的FLYING TIGERS字樣。光澤內斂，看起來沉穩帥氣的裸金屬色塗裝為這批飛機的一貫風格。拍攝時間：1990年8月　雪梨

全白機身
白色機身更能突顯尾翼

在垂直尾翼上畫出鳥類、國旗等，有明確主題的塗裝在分類上較為容易，但也有航空公司並非如此。這個單元便集合了主題或標誌並不是那麼有特色，只在全白的機身上加上公司名稱的簡約設計。全白機身的優點在於能夠突顯垂直尾翼的彩繪塗裝，但如果標誌設計得不好，就會像是待售的飛機般完全不吸引人，箇中差異完全取決於航空公司的設計品味。以下網羅了純白以及夾雜象牙白、銀色等各種白色系飛機進行介紹。

巴哈馬航空
Boeing737-505　C6-BFC

畫在垂直尾翼上的是以巴哈馬群島為意象的圖案，看起來也像是巴哈馬的美麗浪花。機腹有些許讓人聯想到海洋的藍色部分，因此嚴格來說不能算是全白機身，但由於面積不大，整架仍以白色為主，所以歸類在此單元。拍攝時間：2015年5月　邁阿密

易斯達航空
【Boeing737-86N　HL8023】

雖然現在的飛機塗裝流行醒目大字體，但易斯達航空卻反其道而行，將字體改小。過去斗大的公司名稱位在機身中段附近，但會被主翼擋住，現在則沒有這個問題。仔細看會發現，機頭部分也有小小的公司名稱，公司名稱與尾翼的標誌部分也都有星星圖案點綴。易斯達航空因日韓關係惡化導致旅客減少於2021年聲請破產，濟州航空原本預計收購該公司但無果。法院重啟破產程序後，該公司於2023重新取得航空營運許可證，期待能再度投入航運。拍攝時間：2019年6月　日本成田機場

達美航空
Boeing757-2Q8　N706TW

該公司近年來曾在1997年、2000年、2007年進行過3次塗裝改款，目前是在垂直尾翼畫上大到超出尾翼範圍的達美標誌。機身顏色是接近象牙白的米白色，只加上了公司名稱Logo，設計十分簡潔。由於機腹漆成了深藍色，不算是真正的全白機身，但這只是為了防污所做的設計，所以還是歸類為全白機身。有些飛機的機腹漆有DELTA的標誌，卻又不是每一架新機都有，這一點頗令人好奇。拍攝時間：2019年10月　舊金山

葉門航空
Airbus A320-233　7O-AFB

使用了與葉門國旗相近的顏色描繪垂直尾翼。標誌沿用了先前的設計，看起來像是月亮及太空船，雖然我曾進行過調查，但遺憾的是仍舊沒有查出其由來。飛機整體的形象符合現在的潮流，企業識別色也只有使用在垂直尾翼，看起來不會顯得過於沉重，顧及了整體的平衡感。拍攝時間：2015年3月　杜拜

維珍澳洲航空
Boeing737-8FE　VH-YFQ

過去的公司名稱為維珍藍航空，更名為維珍澳洲航空的同時，塗裝也從藍色改成了全白機身。垂直尾翼上大大的維珍Logo展現動感氣息。白、紅、銀3色雖然簡約，但品味出眾，穿插於翼尖小翼與發動機整流罩的紅色增添了活力與朝氣。銀色的公司名稱也顯得十分高雅。全白機身可說是相當傑出的設計。拍攝時間：2016年2月　雪梨

阿斯塔納航空
Boeing757-28A　P4-MAS

來自哈薩克，全白的機身上僅以方便閱讀的字體寫上公司名稱。垂直尾翼上則用了金色與銀色，將箭頭符號設計成清真寺等地方常見的阿拉伯紋樣。垂直尾翼的塗裝雖然極為簡潔，卻自然而然營造出東亞及獨立國協的氣息，讓人印象深刻。拍攝時間：2017年6月　巴黎夏爾‧戴高樂機場

俄羅斯皇家航空
Boeing767-3Q8ER　VP-BLG

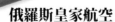

營運基地位在俄羅斯西伯利亞南部哈卡斯共和國的包機航空公司。全白機身搭配紅色垂直尾翼與發動機整流罩的設計讓人看不出來自哪個國家。發動機整流罩與垂直尾翼上的三角形圖案看起來像是山，不過應該是該公司過去叫作阿巴坎航空時所使用之標誌的一部分。使用垂直尾翼的形狀當作公司標誌這一點也很有意思。拍攝時間：2016年7月　台灣桃園機場

全能國際航空
Boeing767-224ER　N225AX

雖然不是全白機身而是銀色的，但因為垂直尾翼與機身的色彩區分得很明顯，所以歸在這個類別。垂直尾翼與發動機整流罩選用美國的航空公司罕見的紅褐色為一大特色。垂直尾翼上的標誌則是一架扶搖直上的飛機。全世界也僅有少數幾家像這樣在飛機上使用飛機的標誌。拍攝時間：2016年6月　檀香山

Wamos Air
Airbus A330-243　EC-MJS

來自西班牙的包機航空公司（前身是Pullmantur Air），使用大型客機飛行包機航班。公司名稱雖然叫WAMOS，但因為文字色彩的變化，看起來像VAMOS。VAMOS是西班牙文「我們走吧」的意思。垂直尾翼上的VA兩個字母上刻意超出範圍。另外，搭載勞斯萊斯發動機的波音787在2018～2019年因為渦輪問題導致必須更換發動機無法飛行時，該公司許多飛機都被大型航空公司包下當作787的代打。拍攝時間：2019年5月　倫敦蓋威克機場

波特航空
DHC-8-400 C-GKQI

營運基地位在加拿大多倫多，是提供高品質區域航線服務的航空公司。機身為簡潔的全白塗裝，深藍色垂直尾翼上則以白色與淺藍色小字密密麻麻寫上公司名稱，展現獨一無二的風格。仔細看會發現，發動機整流罩與機腹其實有亮灰色條紋。不知道是不是為了向搭機的旅客做宣傳，駕駛艙下方也有小小的公司名稱。設計充滿現代感的同時，也強調了自身品牌。拍攝時間：2018年7月　波士頓

Sky Express
ATR72-500　SX-THR

來自希臘的區域航線航空公司，近年來改成在全白機身寫上小小公司網址的設計。垂直尾翼的圖案是2架造型不同的紙飛機上下交疊的樣子，相當有特色。該公司主要經營雅典與離島間的航班。拍攝時間：2019年8月　雅典

位在巴哈馬的區域航線航空公司。雖然沒有官方資料，但垂直尾翼的顏色讓人想起巴哈馬的藍天、海洋、植物。出現於公司名稱Logo中的三角形標誌看起來像是許多航空公司愛用的箭頭圖案，也像是稍微變化巴哈馬國旗而成的設計。順帶一提，駕駛艙內儀表中標示方向及路線的箭頭，對飛機而言是不可或缺的存在，因此常用來當作標誌，代表公司向前邁進的精神。拍攝時間：2015年5月　巴哈馬

Sky Bahamas
SAAB340B　C6-SBL

天空吳哥航空
Airbus A320-231　XU-707

來自柬埔寨，過去叫作天翼亞洲航空。該公司主要飛行韓國航線，2014年後也曾以包機形式飛往日本。公司更名時飛機的塗裝進行了小改款，不過標誌並沒有改變。機身前段表現的應該是柬埔寨的天空與大地綠意。雖然圖中的彩繪是正式塗裝，但或許是對品牌行銷的認知不足，或沒有餘力在這方面耕耘，有許多飛機還未換上正式塗裝。有些發動機整流罩及翼尖小翼還是白色的，或是自歐洲航空公司租來的飛機只進行了草率的塗裝。拍攝時間：2018年4月　吳哥窟

南美航空集團
Boeing777-32W ER　PT-MUB

縮寫為LATAM，是巴西的航空互擘TAM與營運基地位在智利，航線遍及南美洲西部的LAN集團合併而成。塗裝巧妙地運用了TAM的紅與LAN的深藍，仔細觀察機身前段的公司標誌會發現，其實這是南美洲的形狀。公司名稱的字體設計也相當用心，讓整體顯得時尚、充滿現代感。拍攝時間：2020年1月　邁阿密

科西嘉國際航空
Airbus A330-243　F-HCAT

來自法國，設立於1981年。過去曾有在機身上畫出口紅印等獨特的塗裝設計，不過在2000年被併入途易集團後，便統一採用了該集團的淺藍色塗裝。2012年更名後，又換上了現在的版本。全白機身搭配清爽的藍色，營造出彷彿要飛往渡假勝地的氣息。拍攝時間：2017年6月　巴黎-奧利機場

直線

1970年代曾風靡一時的傳統風格

　　機身側面窗戶位置漆有水平直線做裝飾的塗裝風格，過去在英文中稱為「Cheat Line」（美國等地現在仍是這樣稱呼）。「Cheat」有狡猾、欺騙等負面的意思，之所以會在用飛機塗裝上，據說與1947年首航的道格拉斯DC-6B有關。相較於新飛機DC-6B的窗戶採四方形、客艙加壓，搭乘起來更加舒適。另一方面使用客艙未加壓（據說一部分有加壓）、窗戶為圓形的DC-4飛行的航空公司為了讓DC-4看起來像DC-6B（也就是為了欺騙），在窗戶位置漆上了線條，讓人難以分辨窗戶的形狀，這種窗戶位置的線條就被稱為「Cheat Line」。雖然這種過去曾盛極一時的設計如今已不再流行，但也還是看得到在窗戶下方畫上直線等，重新包裝得更有現代感的版本。

卡利塔航空
Boeing747-481F　N403KZ

公司名稱是由董事長的名字康尼·卡利塔而來。紅色與金色的粗線條豪邁地由垂直尾翼一直延伸至機頭，公司名稱也大大地寫在主翼旁。除了這個版本以外，該公司也有許多只以公司名稱Logo搭配全白機身的塗裝。卡利塔航空過去曾接收許多原本在日本航空服役的波音747，後來又引進了日本貨物航空的飛機，與日本頗有淵源。2019年8月起還開始與日本航空聯營貨運航班。拍攝時間：2018年6月　日本中部國際機場

非洲快運航空
McDonnell Douglas MD-82　5Y-AXN

來自肯亞，機身上只寫了「African」，正式名稱其實是「African Express Airways」。機身側面的綠色與深藍色線條分別位在窗戶上下兩側，因此看起來不會太過老氣。垂直尾翼上的圖案是抽象化的非洲大陸，並寫有該公司的名稱，遺憾的是因為太小，不容易看清楚。拍攝時間：2014年2月　杜拜

盧森堡國際貨運航空
Boeing747-8F　LX-VCE

該公司是來自盧森堡的貨運航空公司，一直有定期航班飛往日本。目前的塗裝版本是在引進波音747-8F時開始採用，垂直尾翼上始終是三個正方體疊在一起的圖案，紅色與藍色線條則延伸至機身的大字體處。該公司過去在日本的航點僅有小松機場，2018年起多了成田機場。拍攝時間：2015年3月　香港

伏爾加-第聶伯航空
Antonov An-124-100　Ruslan　RA-82079

總部設於俄羅斯，是以載運巨大貨物及特殊運送見長的貨運航空公司，白色機身搭配藍色線條的塗裝讓人想起了1980年代的俄羅斯航空。垂直尾翼延伸至機身的斜線，以及機身側面的粗線條上下各有一道細線的設計，可以看出其用心，但仍舊顯得老氣。另外，該公司是目前有成田航線的空橋貨運航空母公司，雖然空橋貨運航空的塗裝不同，不過兩家公司的用色是一樣的。拍攝時間：2016年5月　日本成田機場

PenAir
SAAB340B N677PA

過去的名稱為半島航空（Peninsula Airways），簡化之後成為了PenAir。正如其名，該公司主要在阿拉斯加經營阿留申群島及離島等的定期航班，為半島區域提供空中交通。簡潔的塗裝十分符合區域航線航空公司的風格，手寫風的公司Logo具有點綴的效果。窗戶下方有深藍色、暗紅色與金色的3道細線。拍攝時間：2013年5月　安克拉治

冰島航空
Boeing757-223 TF-ISF

垂直尾翼處用深藍色與黃色畫出以極光為意象的線條。雖然十分猶豫是否該將該公司的塗裝歸類為全白機身，但從側面可以看出機腹處筆直的深藍色部分可讓整體顯得更有精神，於是仍歸類於此。機身的白色部分與深藍色部分之間，還有較細的黃色線條。發動機整流罩也塗成了相同的黃色，與垂直尾翼上的黃色標誌相互呼應。拍攝時間：2017年6月　蘇黎世

Flyme
ATR72-500 8Q-VAW

飛航於馬爾地夫各島嶼間的Flyme航空，在機身前段寫上了大大的公司名稱，窗戶下方則畫有直線。到1980年代為止，該公司原本都是機身側面有水平線條包住窗戶的設計，目前的版本則更符合現在的潮流。顏色使用天藍色及更淺的藍色、淺綠色等展現馬爾地夫的熱帶風情。由於淺色的輪廓不夠明顯，主流航空公司通常不喜歡使用，會以原色為主，但渡假勝地的小型航空公司選擇這樣的用色似乎就合理多了。拍攝時間：2016年11月　馬列（馬爾地夫）

茅利塔尼亞國際航空
Boeing737-55S 5T-CLB

來自西非國家茅利塔尼亞。雖使用國旗的顏色作為企業識別色，但機身上的國旗顏色卻與實際顏色不同。茅利塔尼亞的國旗是深綠色底上有黃色的月亮與星星，機身底色卻是黃綠色。這當然不是褪色，而是刻意塗成這樣，但原因不得而知。發動機整流罩上有鳥類造型的線條。尾翼上緣與機身前段線條的漸層色彩十分美麗。拍攝時間：2014年1月　大加那利島（西班牙）

My Indo Airlines
Boeing737-347(SF) PK-MYY

雖說是直線，但並非一般常見的橫向，而是縱向將機身一分為二，設計十分大膽。歐洲的廉價航空泛航航空過去的塗裝同樣有縱向的直線，看起來有如套上頸圈般。由於這間是貨運航空公司，飛機沒有窗戶，黃色與藍色部分簡直是兩家不同的航空公司，十分神奇。整體塗裝很有印尼的風格，雖然沒有正式對外說明過，藍色與黃色是該公司的企業識別色。垂直尾翼的標誌看起來像M也像Y，也可以看成鳥展翅飛翔的樣子。拍攝時間：2018年11月　新加坡

條紋&波浪

色彩繽紛的線條打造出航空公司的特色

　　講到客機的機身彩繪，大家最先想到的應該是機身及垂直尾翼上五顏六色的線條吧。雖然現在流行全白機身，但也還是有許多公司選擇使用色彩鮮艷的線條。線條的樣式本身也有流行趨勢，例如25～50年前流行在機身側面的窗戶位置漆上水平線條，但現在幾乎看不到了。取而代之的是在窗戶下方加上流線造型的線條，或是畫上斜條紋，更講究一點的可能會設計成波浪狀等，單單是線條就能有各式各樣的變化。雖然大型航空公司不太使用波浪狀線條，但其實這種設計不僅美觀、有特色，還很有現代感，因此也慢慢多了起來。

維茲航空
Airbus A321-231　HA-LXQ

這是來自匈牙利的廉價航空，醒目的塗裝十分有廉航的風格。深粉紅色與紫色的組合風格強烈，較使用相近色彩的樂桃航空更令人印象深刻，不過可能樂桃的配色顯得更優雅一些。現在使用的塗裝是在數年前亮相的，並對調了原本網址在前、公司名稱在後的位置。公司名稱「WIZZ」的「i」故意寫成上下顛倒，變成驚嘆號的設計相當有意思。拍攝時間：2019年1月　米蘭

【令人印象深刻的斜線設計】

香港華民航空
Airbus A300F4-605R　B-LDA

雖然塗裝與美國的博立貨運航空幾乎一樣，但形象稍有不同。公司名稱中的「air」使用小寫，僅Hongkong的「H」為大寫，藉此強調香港。由於DHL是該公司重要的商業夥伴，因此垂直尾翼至機身後段漆成了DHL的企業識別色──黃色，並加上DHL的標誌。香港華民航空的最大股東是國泰航空，但從塗裝完全看不出國泰的色彩。拍攝時間：2019年4月　日本成田機場

嘉魯達印尼航空
Boeing777-3U3ER　PK-GIG

印尼的國鳥是傳說中的神鳥迦樓羅，為神明的坐騎，也是所有飛在空中的動物之王。嘉魯達印尼航空是印尼的國營航空公司，名稱便源自迦樓羅，也以此作為標誌。目前的塗裝讓人聯想到了印尼清新的海洋及山巒，啟用新的企業識別之際，也進一步提升了服務水準。垂直尾翼的塗裝以深淺不一的藍色營造出漸層效果，清爽的用色讓新生的嘉魯達印尼航空更為加分。拍攝時間：2019年10月　日本成田機場

SmartWings
Boeing737-MAX8　OK-SWI

捷克的廉價航空公司，垂直尾翼上的圖案是彷彿隨手亂塗畫出的公司標誌。由此延伸出來的橘色與藍色線條在機身交叉，一直畫到機身前段。公司名稱部分加上「.com」的做法也很有廉航的風格，不過「.」的部分被該公司的標誌所取代，增添了亮點。拍攝時間：2019年11月　埃弗里特（西雅圖）

玻利維亞航空
Boeing767-33AER　CP-2880

公司名稱為西班牙文Boliviana de Aviacion，但垂直尾翼上寫的是「BoA」，而不是這3個字的縮寫。機身以深藍色及藍灰色線條圍繞，垂直尾翼及發動機整流罩上類似翅膀的圖案使用國旗的3種顏色畫成。該公司雖然是國家航空公司，但由於國家貧窮，航點有限，因此能看到的機會並不多。拍攝時間：2015年5月 邁阿密

尼泊爾航空
Airbus A330-243　9N-ALZ

過去叫作皇家尼泊爾航空，
在該國廢除王室後，更名為尼泊爾航空。
垂直尾翼的塗裝使用了國旗上的紅色與邊緣的藍色。
由於尼泊爾國旗造型十分特殊，是由兩個三角形組合而成，尼泊爾航空所使用的國旗元素也不過只有顏色而已。直到數年前，都還是採用紅與藍2條直線的簡約設計，到購入A330後才改成波浪狀，並於2019年時披著這款塗裝復飛關西機場。機身左側的公司名稱分別以英文、尼泊爾文寫成。拍攝時間：2019年10月 關西機場

柬埔寨吳哥航空
Airbus A321-231　XU-348

雖然不太容易看出來，不過垂直尾翼上的圖案是柬埔寨的觀光勝地吳哥窟與樹木，這同時也是該公司的標誌。機身漆有美麗的紫色，但可惜公司名稱的字體較細，因此不太明顯。紫色搭配橘與接近土黃的黃色等互補色線條，讓整體的彩繪設計看起來有如柬埔寨的民族服裝。拍攝時間：2013年10月 曼谷

酷航
Boeing787-9　9V-OJA

開創了中長距離國際線廉價航空這個類別的酷航，名稱中蘊含著該公司的宗旨「用新穎、年輕的心，簡單、開心享受飛行」。公司文化被稱為「酷航精神」（Scootitude），飛機的塗裝設計也選擇使用醒目的黃色，表現活潑、年輕的氣息，不會感覺無趣沉悶。企業識別色為黃色的航空公司較紅色及藍色少，因此更容易吸引目光。垂直尾翼上斜斜地寫著巨大的公司名稱，機身前段的網址也以曲線狀排列，給人輕快的印象。拍攝時間：2016年1月 日本成田機場

天西航空
Bombardier CRJ200LR　N709BR

負責經營美國航空、達美航空、聯合航空等大型航空公司的區域航線，旗下的飛機也幾乎都以大型航空公司的塗裝飛行，不過還是有使用自家塗裝的飛機。但為了使用大型航空公司的航班編號飛航，塗裝的設計極為簡單。雖然垂直尾翼與機頭寫有公司名稱，但仍不足以表現自身特色，從塗裝可以感受到該公司始終只以合作夥伴之姿經營航班的態度。拍攝時間：2019年11月 舊金山

UPS
MD-11F　N287UP

該公司正式名稱為聯合包裹公司
（United Parcel Service），但僅在垂
直尾翼上畫出公司名稱Logo，機身上則是寫著該
公司的宗旨「Worldwide Services」，塗裝十分簡單。
不過炭灰色的垂直尾翼風格相當強烈，機身中段至機
尾也斜斜地以炭灰色塗滿，並加上金黃色的互補色線
條，完美達到點綴作用。拍攝時間：2018年12月　日本
成田機場

World Atlantic
McDonnell Douglas MD-83　N802WA

垂直尾翼至機身後段以
深藍色為底，標誌為使用象徵南方樹葉與海洋的綠色及
水藍色畫成的抽象圖案。該公司是營運基地位在邁阿密的小型航空公司，
經營飛往加勒比海的包機，機身上的公司名稱與網址也不會過於張揚，展
現出簡約的美感。拍攝時間：2015年5月　邁阿密

韓亞航空
Airbus A321-251NX HL8364 N802WA

公司名稱Logo旁邊的紅色箭頭是錦湖韓亞集團的標誌，象徵翅膀。雖然不易辨識，但垂直尾翼
上共有7種顏色（3種紅、2種藍及米灰色、黃），讓人聯想到韓國的傳統色彩及韓服。錦湖集團在
2019年秋天決定將該公司出售給現代集團，但收購後來破局，目前則正在進行與大韓航空的合
併案，因此今後可能會有不一樣的塗裝與標誌。拍攝時間：2019年8月　日本中部國際機場

奧凱航空
Boeing737-9KFER　B-1581

營運基地位在中國天津。機身塗裝可看到橘色線條從垂
直尾翼延伸至主翼附近，再來就只有寫上公司名稱，十分
簡潔俐落。由於沒有官方資料，無法得知公司標誌的由來為何。英文
的公司名稱為OK AIR，重點在於OK與AIR之間沒有空格。機身留白
的部分就中國的航空公司來說算是相當多的。拍攝時間：2017年4月
日本關西機場

陽翼航空
Boeing737-8HX　C-FLSW

來自加拿大，是經營廉航航班與包機航班的航空公司。直接在機身寫上該公司的網址，並
使用象徵太陽的橘色作為企業識別色。發動機整流罩上畫有像是出自小朋友之手的太陽
圖案，增添了活潑歡樂的氣息。拍攝時間：2015年5月　多倫多

哥倫比亞航空
Boeing787-8　N793AV

2013年時以新塗裝亮相的哥倫比亞航空沿襲了過去紅色的企業識別色，不過官方資料說明，新款塗裝是「能讓人感受到力量的紅色」。公司名稱Logo前方的鳥是棲息於南美洲的康多兀鷲，也有人認為這與美國航空機上畫的老鷹很相似。塗裝雖然簡單，但辨識度高並具有整體感，在美國也相當受到好評。拍攝時間：2017年1月　洛杉磯

越捷航空
Airbus A321-271N　VN-A654

是來自越南　　　的新興廉價航空，使用越南國旗的紅與黃作為企業識別色，發動機整流罩上也畫有國旗中央的黃色星星。包含廣宣用的彩繪在內，有各種不同塗裝，圖中看到的是正式版本。由於網址集中在機身後段及垂直尾翼，顯得不太平均，如果機身前段也有畫上廣告的話，比例就完美多了。桃園機場跟高雄機場都可以看到披著這款塗裝的飛機。拍攝時間：2019年10月　日本關西機場

維羅提航空
Boeing717-2BL　EI-EWI

維羅提航空是營運基地位在巴塞隆納的廉價航空，但幾乎沒有廉航使用看起來如此費工的塗裝。垂直尾翼及機尾的格紋使用了紅、黑、金、焦茶、粉紅色，看起來不像塗上去，而是用轉印貼紙貼上去的。由於風格可愛活潑，甚至可以當成指甲彩繪的圖案，相信這款塗裝應該會受到許多女性喜愛。拍攝時間：2019年8月　雅典

【令人印象深刻的斜線設計】

馬來西亞航空
Airbus A350-900　9M-MAE

垂直尾翼上的標誌看起來像是熱帶魚，但其實是馬來西亞傳統的新月形風箏。藍色與紅色為馬來西亞國旗的顏色，該公司旗下飛機目前已逐漸換上圖中的新塗裝。另外，A380雖然採用藍色線條的特別塗裝，不過垂直尾翼仍是一樣的標誌。貨機則有別於客機，機身全白，沒有線條裝飾。拍攝時間：2019年10月　日本關西機場

奧林匹克航空

過去曾是希臘的國家航空公司，並短暫經營過雅典～東京的航線。該公司2009年時一度破產，後來轉型成為區域航線航空公司。公司名稱來自起源於希臘的奧林匹克運動會，遭到奧委會抗議標誌與奧運相同後，標誌由五環改成了六環。拍攝時間：2019年8月　雅典

Binter
ATR72-500　EC-KYI

來自西班牙加那利群島的區域航線
航空公司,企業識別色是類似哈密瓜的黃綠色。
公司名稱、駕駛艙前方的色塊、從垂直尾翼延伸出來的線條,
使用了黃綠色、淺綠色與少許淺藍色,表現出清爽的渡假勝地及南方
島嶼的氣息。拍攝時間:2019年5月　豐沙爾(葡萄牙)

藍景航空
Boeing767-35HER　9H-KIA

在義大利經營定期及包機航班的航空
公司。機頭與機尾畫出曲線並塗滿深
藍色的設計相當奇特。駕駛艙部分也畫有細線,標誌看起來像鳥的
形象。這款塗裝在每個人眼中應該都相當俐落帥氣,完美詮釋了義
式風格,但恐怕只有我覺得這樣的設計很不義大利吧。拍攝時間:
2019年1月　米蘭

飛螢航空
ATR72-500　9M-FYF

公司名即為螢火蟲之意,塗裝也使用橘與黃表現螢火蟲發光的
模樣。垂直尾翼上的圖案取兩隻螢火蟲閃閃發亮的意象。飛螢
航空經營的是馬來西亞國內及新加坡等地的定期航班,母公司
為馬來西亞航空。拍攝時間:2018年11月　新加坡

葛希姆航空
Airbus A320-214　EP-FQP

葛希姆是伊朗的一座島嶼,作為企業識
別色的紅色從垂直尾翼延伸到了機身,
並畫上白色曲線加以裝飾。發動機整流
罩與垂直尾翼都畫有該公司的標誌,看
起來既像箭矢又像鳥,也很像是飛碟,相
當神奇。拍攝時間:2015年3月　杜拜

模里西斯航空
Airbus A340-313　3B-NBE

來自印度洋上的島國模里西　　　斯,標誌以熱帶鳥類為意象。垂直尾翼使用讓人感覺到能量的紅
色搭配風一般的白色線條。深紅色為出現在模里西斯國徽上的顏色,這款塗裝可說是展現了南方的炎
熱及熱帶風情。拍攝時間:2019年5月　倫敦希斯洛機場

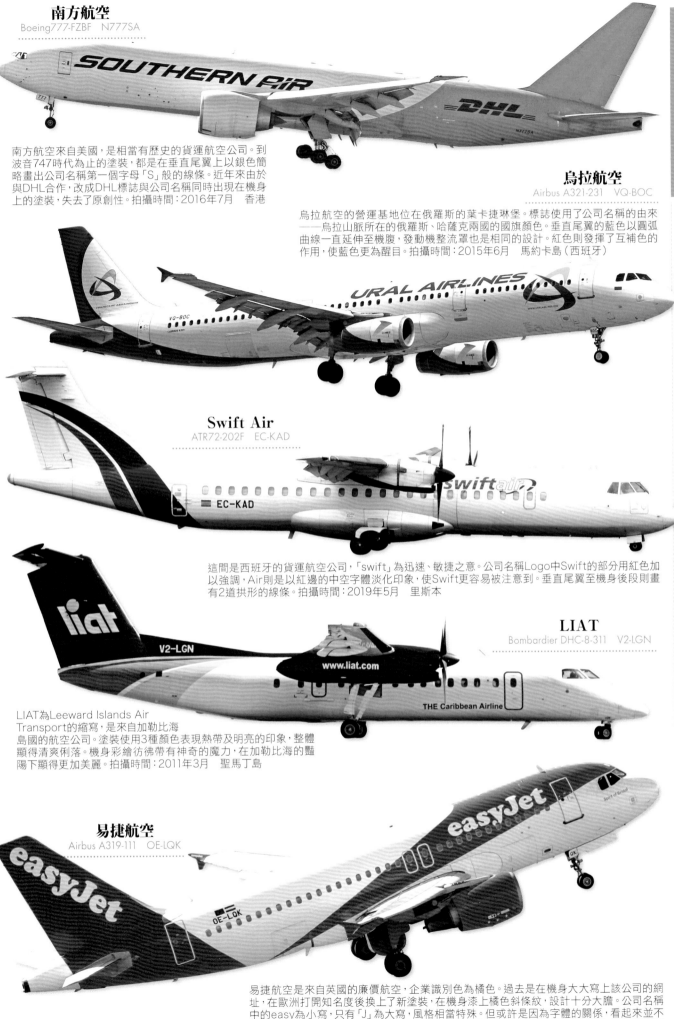

南方航空
Boeing777-FZBF　N777SA

南方航空來自美國,是相當有歷史的貨運航空公司。到波音747時代為止的塗裝,都是在垂直尾翼上以銀色簡略畫出公司名稱第一個字母「S」般的線條。近年來由於與DHL合作,改成DHL標誌與公司名稱同時出現在機身上的塗裝,失去了原創性。拍攝時間:2016年7月　香港

烏拉航空
Airbus A321-231　VQ-BOC

烏拉航空的營運基地位在俄羅斯的葉卡捷琳堡。標誌使用了公司名稱的由來──烏拉山脈所在的俄羅斯、哈薩克兩國的國旗顏色。垂直尾翼的藍色以圓弧曲線一直延伸至機腹,發動機整流罩也是相同的設計。紅色則發揮了互補色的作用,使藍色更為醒目。拍攝時間:2015年6月　馬約卡島(西班牙)

Swift Air
ATR72-202F　EC-KAD

這間是西班牙的貨運航空公司,「swift」為迅速、敏捷之意。公司名稱Logo中Swift的部分用紅色加以強調,Air則是以紅邊的中空字體淡化印象,使Swift更容易被注意到。垂直尾翼至機身後段則畫有2道拱形的線條。拍攝時間:2019年5月　里斯本

LIAT
Bombardier DHC-8-311　V2-LGN

LIAT為Leeward Islands Air Transport的縮寫,是來自加勒比海島國的航空公司。塗裝使用3種顏色表現熱帶及明亮的印象,整體顯得清爽俐落。機身彩繪彷彿帶有神奇的魔力,在加勒比海的豔陽下顯得更加美麗。拍攝時間:2011年3月　聖馬丁島

易捷航空
Airbus A319-111　OE-LQK

易捷航空是來自英國的廉價航空,企業識別色為橘色。過去是在機身大大寫上該公司的網址,在歐洲打開知名度後換上了新塗裝,在機身漆上橘色斜條紋,設計十分大膽。公司名稱中的easy為小寫,只有「J」為大寫,風格相當特殊。但或許是因為字體的關係,看起來並不顯得突兀。該公司為避免受到英國脫歐的衝擊,採取了將旗下的飛機移交給奧地利的相關企業等措施。拍攝時間:2019年5月　豐沙爾(葡萄牙)

水平航空
Airbus A330-202　EC-MOY

【令人印象深刻的斜線設計】

英國航空及西班牙國家航空合資的控股公司——國際航空集團所設立的廉價航空，特色是也有經營長程航線。LEVEL在英文中也代表遊戲的關卡，但該公司是取其「水平」之意。原因在於垂直尾翼的中間處附近，以及公司名稱旁的四方形圖示中央處，都是用水平線區隔開天藍與綠這兩種顏色。雖然是2017年開始營運的新公司，但至今已有數條航線停飛，讓人好奇日後會如何發展。拍攝時間：2018年7月　波士頓

藍色航空
Boeing737-9GPER　VQ-BYX

NordStar
Boeing737-8MAX　VQ-BXX

來自俄羅斯北部克拉斯諾亞爾斯克邊疆區諾里爾斯克。近來新登場的塗裝在機身後段繪有藍色的幾何圖案，讓人聯想到俄羅斯北方的冰與藍天。公司名稱旁類似三角形花瓣的圖案為該公司標誌，沿用了先前的設計。過去的塗裝也相當有時尚感，可見俄羅斯近年來的設計美學在歐洲的接受度也變高了。拍攝時間：2019年11月　埃弗里特（西雅圖）

這是俄羅斯的包機航空公司，全白機身搭配以俄羅斯國旗的藍、白、紅色為基調的彩繪。除了顏色以外，塗裝並沒有受限於國旗，標誌是有如振翅高飛般帶有立體感的圖案。公司名稱僅小寫的azur使用粗體字，很有現代感，符合歐洲包機航空公司的形象。看到這樣的配色就能感受到，俄羅斯過去毫無生氣的塗裝已經逐漸跟得上現代潮流了。從航空公司的塗裝也能看出一個國家的變化。拍攝時間：2018年12月　杜拜

塔新航空
Boeing787-9　N1008S

由新加坡航空與印度的塔塔財團合資設立，在印度提供優品質服務的航空公司，於2015年開始營運。垂直尾翼至機身後段漆成深棕色，並以淺棕色畫上標誌的設計相當高雅。標誌表現出Vistara梵語原意中「廣闊無垠」的意象。該公司原本使用空巴A320飛航國內線，並計畫在圖中的波音787交機後進軍國際線。拍攝時間：2019年11月　埃弗里特（西雅圖）

聯盟貨運航空
Boeing767-241ER　XA-LRC

據點在墨西哥的貨運航空公司，過去的塗裝僅以全白機身搭配公司名稱，相當單調。近來則在機身加入了紅色與深藍色，公司名稱也用紅與深藍這兩種企業識別色書寫，讓塗裝有了航空公司的感覺。該標誌是名稱縮寫「A」與「U」兩個字母組合而成，看起來也有如緊緊扣住的鏈條，表現出給人安心及信任感的形象。拍攝時間：2015年9月　洛杉磯

英特捷特航空
Airbus A320-214　XA-MBA

營運基地位在墨西哥托盧卡，機身彩繪使用了沉穩的淺藍色與牛仔褲般的藍色這兩種企業識別色畫出波浪狀線條。垂直尾翼上的圖案看起來像是從樞紐機場延伸出去的航線，中央有飛機的標誌。近年來新成立的航空公司或許是為了反映網路時代的趨勢，公司名稱Logo常使用小寫字母，英特捷特航空便是其中之一。拍攝時間：2017年1月　洛杉磯

【優雅的波浪狀曲線】

阿曼航空
Boeing787-8　A4O-SZ

阿曼航空的營運基地位在該國的馬斯喀特，機身的綠松色塗裝十分美麗，垂直尾翼上的圖案是抽象化的乳香煙霧。英文公司名稱以銀色，阿拉伯文公司名稱則以金色書寫。綠松色中也穿插著阿拉伯人喜愛的金色與銀色，更顯高貴。該公司過去使用以國旗為概念的綠、紅、白色塗裝，2008年時大膽更改為現在的版本。拍攝時間：2017年6月　蘇黎世

Europe Airpost
Boeing737-73S　F-GZTG

在日本說到郵筒就會想到「綠色」，但在德國、奧地利、法國等國家，郵筒是黃色的。也因為這樣，法國郵件運輸機的企業識別色為黃色，不過實際顏色較法國的郵筒稍深一些。Europe Airpost過去是公營企業法國郵政旗下的航空公司，目前則已民營化，不過主要客戶仍然是郵局。白天會裝設座椅做旅客包機用途，夜間則運送郵件及貨物。2015年更名為ASL Airlines France，機身上的字樣也隨之更改。拍攝時間：2015年6月　馬約卡島（西班牙）

阿瑞克航空
Boeing737-86N　5N-MJN

阿瑞克航空來自於奈及利亞，機身有紫色與深藍色的大波浪曲線，垂直尾翼則畫了以鳥為意象的銀色標誌。奈及利亞過去曾有奈及利亞航空、維珍奈及利亞航空等數家航空公司，但由於政局動盪等因素而相繼退出。阿瑞克航空曾經營倫敦及紐約航線，但目前縮減規模，僅飛航國內線及周邊國家的短程國際線。拍攝時間：2012年1月　約翰尼斯堡

多羅米提航空
Embraer190　I-ADJM

公司名稱來自於義大利北部的風景名勝多羅米提山。機身的波浪曲線及垂直尾翼顏色深淺不一的塗裝相當有時尚感。公司名稱的字體細而小，也顯現了出色品味。雖然字母「D」的部分不容易辨識，但這或許也反映了重視設計感的義大利人明快的作風。拍攝時間：2019年1月　米蘭

亞馬爾航空
Airbus A320-232　VP-BBN

來自俄羅斯北部靠近北極海的薩列哈爾德。圖中的機身右側僅有西里爾字母的公司名稱，機身左側則有英文的版本。描繪在機身與垂直尾翼上以表現寒冷地帶風情的藍色波浪，是從公司名稱後方的三道淺藍色線條變化而來。過去使用俄羅斯飛機的時代，線條是由窗戶下方延伸到垂直尾翼，引進西方國家的機種後，改為從機腹往垂直尾翼流動般的曲線設計。拍攝時間：2013年6月　科孚島（希臘）

Tailwind Airlines
Boeing737-4Q8　TC-TLD

土耳其的包機航空公司，「Tailwind」為順風之意。由於我們也有「一帆風順」的說法，在一般企業看來這是個吉利的名字，但順風在起降時會造成空速下降，反而不是飛機樂見的狀況。不過順風在高空中可以提供助力，因此該公司應該是依這個意思命名的。垂直尾翼上的標誌看起來像是風舞動的姿態，機身則使用如風一般清新爽朗的翡翠綠畫出圓滑流暢的線條。拍攝時間：2010年6月　阿姆斯特丹

萬那杜是以火山島嶼及海洋聞名的南太平洋小國，機身上的公司名稱及彩繪都表現出了該國的形象。象徵海洋的藍色系曲線十分美麗，公司名稱使用手寫風的紅色字體，讓人感受到　萬那杜的生命力與野性。拍攝時間：　2016年2月　雪梨

萬那杜航空
Boeing737-8SH　YJ-AV8

安特航空
Boeing737-85F　SP-ENZ

波蘭的包機航空公司，成熟穩重的風格為其塗裝的特色。Enter有「進入」、「參加」的意思，也可以代表「娛樂」，因此這個名稱很符合飛往渡假勝地的航空公司。機身描繪了寬度帶有變化的天藍色曲線，垂直尾翼與發動機整流罩上的線條方向則正好與機身相反。垂直尾翼、機鼻及公司名稱的「air」部分使用了銀色的互補色線條，讓整體看起來更為協調。拍攝時間：2019年5月　豐沙爾（葡萄牙）

安托諾夫航空
Antonov An-225 Mriya　UR-82060

垂直尾翼有小小的Logo，機頭部分可以看到INTERNATIONAL CARGO TRANSPORTER的字樣與該機型的暱稱「Mriya」。該公司的名稱來源自於航空器製造商安托諾夫設計局。垂直尾翼漆成淺藍色的An-124時常飛往日本，但目前已改成和圖中相同的黃與淺藍波浪狀線條設計。波浪狀線條的顏色象徵該公司營運基地烏克蘭的國旗。拍攝時間：2010年2月　日本成田機場

亞塞拜然航空
Boeing787-8　VP-BBS

機身上半部漆成深藍色，下方為白色的設計看似沉重，不過因為機身加了淺藍色波浪狀線條，垂直尾翼也有各種色調的藍色線條，營造出完美比例。塗裝設計似乎刻意沒有讓標誌出現在飛機外觀。拍攝時間：2015年6月　巴黎夏爾‧戴高樂機場

【優雅的波浪狀曲線】

太陽快運航空
Boeing737-8AS　D-ASXD

來自土耳其，由漢莎航空與土耳其航空出資設立。機身彩繪的特色在於垂直尾翼下緣與發動機整流罩的橘色波浪狀線條。垂直尾翼上的圖案彷彿是將「V」排列成圓形，看起來就像太陽般，整幅構圖有如太陽在海面灑下橘色的光芒。拍攝時間：2015年6月　馬約卡島（西班牙）

PASSAREDO
ATR72-500　PR-PDK

巴西的區域航線航空公司，深灰色的垂直尾翼上畫有黃色波浪狀線條。公司名稱與發動機整流罩同樣使用深灰色。雖然除了白色以外僅使用2種顏色，但看起來品味出眾且充滿現代感。拍攝時間：2014年3月　聖保羅

成都航空
Airbus A319-112　B-6229

塗裝使用中國招牌常見的紅底搭配金色及深黃色文字。波浪線條也相當美觀，垂直尾翼的標誌表現出中國風。可說是一款能讓人感受到中國元素，討喜的塗裝。拍攝時間：2016年8月　重慶

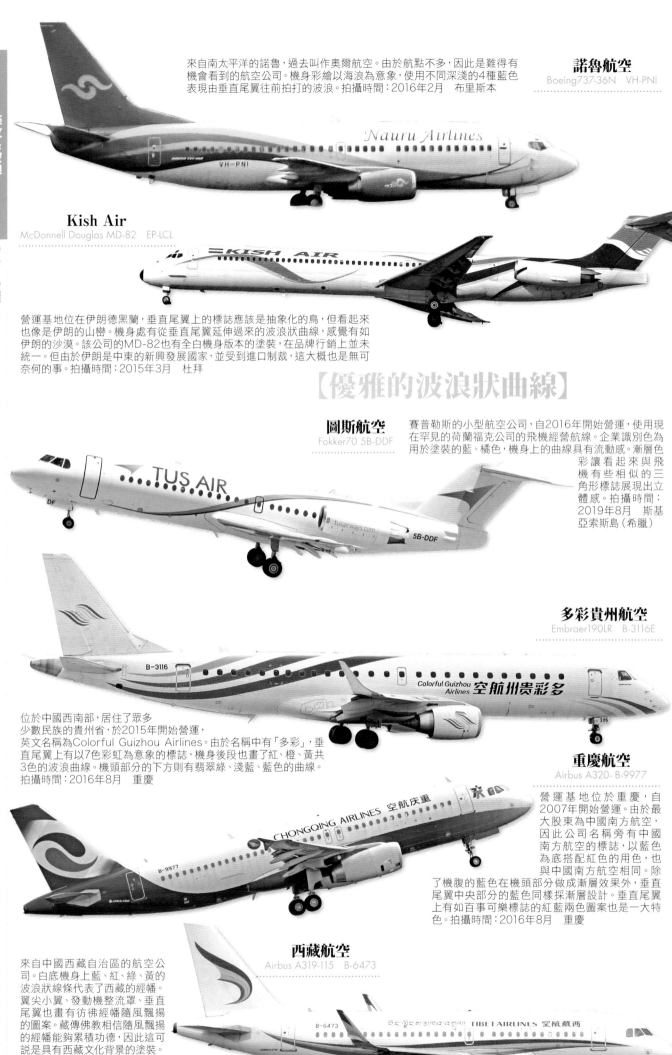

諾魯航空
Boeing737-36N　VH-PNI

來自南太平洋的諾魯，過去叫作奧爾航空。由於航點不多，因此是難得有機會看到的航空公司。機身彩繪以海浪為意象，使用不同深淺的4種藍色表現由垂直尾翼往前拍打的波浪。拍攝時間：2016年2月　布里斯本

Kish Air
McDonnell Douglas MD-82　EP-LCL

營運基地位在伊朗德黑蘭，垂直尾翼上的標誌應該是抽象化的鳥，但看起來也像是伊朗的山巒。機身處有從垂直尾翼延伸過來的波浪狀曲線，感覺有如伊朗的沙漠。該公司的MD-82也有全白機身版本的塗裝，在品牌行銷上並未統一。但由於伊朗是中東的新興發展國家，並受到進口制裁，這大概也是無可奈何的事。拍攝時間：2015年3月　杜拜

【優雅的波浪狀曲線】

圖斯航空
Fokker70 5B-DDF

賽普勒斯的小型航空公司，自2016年開始營運，使用現在罕見的荷蘭福克公司的飛機經營航線。企業識別色為用於塗裝的藍、橘色，機身上的曲線具有流動感。漸層色彩讓看起來與飛機有些相似的三角形標誌展現出立體感。拍攝時間：2019年8月　斯基亞索斯島(希臘)

多彩貴州航空
Embraer190LR　B-3116E

位於中國西南部，居住了眾多少數民族的貴州省，於2015年開始營運，英文名稱為Colorful Guizhou Airlines。由於名稱中有「多彩」，垂直尾翼上有以7色彩虹為意象的標誌，機身後段也畫了紅、橙、黃共3色的波浪曲線。機頭部分的下方則有翡翠綠、淺藍、藍色的曲線。拍攝時間：2016年8月　重慶

重慶航空
Airbus A320- B-9977

營運基地位於重慶，自2007年開始營運。由於最大股東為中國南方航空，因此公司名稱旁有中國南方航空的標誌，以藍色為底搭配紅色的用色，也與中國南方航空相同。除了機腹的藍色在機頭部分做成漸層效果外，垂直尾翼中央部分的藍色同樣採漸層設計。垂直尾翼上有如百事可樂標誌的紅藍兩色圖案也是一大特色。拍攝時間：2016年8月　重慶

西藏航空
Airbus A319-115　B-6473

來自中國西藏自治區的航空公司。白底機身上藍、紅、綠、黃的波浪狀線條代表了西藏的經幡。翼尖小翼、發動機整流罩、垂直尾翼也畫有彷彿經幡隨風飄揚的圖案。藏傳佛教相信隨風飄揚的經幡能夠累積功德，因此這可說是具有西藏文化背景的塗裝。拍攝時間：2016年8月　重慶

祥鵬航空

Boeing737-8AL　B-7991

營運基地位於雲南昆明，是海南航空集團旗下的廉價航空，使用黃與紅作為企業識別色。機身以紅色波浪狀曲線裝飾，並搭配有如蓋上印鑑的「祥鵬」字樣，充滿中國風。垂直尾翼的塗裝除了顏色以外，設計與英國航空極為相似，甚至被航空迷認為有抄襲的嫌疑。拍攝時間：2018年8月　日本關西機場

SaudiGulf

Airbus A320-232　VP-CGZ

這是沙烏地阿拉伯第三家航空公司，旗下客機塗裝以該國國旗的深綠色為底，搭配阿拉伯人喜愛的金色波浪線條。由於2016年才開始營運，設計十分符合時下潮流，配色讓人想像到沙烏地阿拉伯的同時，也展現了現代時尚感。拍攝時間：2018年12月　杜拜

XTRA Airways

Boeing737-4YO　N688XA

該公司過去叫作Casino Express，在美國經營各類包機航班，還曾經為希拉蕊・柯林頓提供競選總統時巡迴演説用專機。由於長期出租時可能會換上不同塗裝，加上2020年2月時旗下僅保留一架飛機，因此看到原版塗裝的機會非常難得。機身上漆有數道具流動感的線條，公司名稱以2種企業識別色書寫，雖然略顯樸素不起眼，但在低調中表現自家特色的塗裝相當符合包機公司的風格。拍攝時間：2020年1月　羅德岱堡

Mann Yadanarpon Airlines

ATR72-600　XY-AJO

2013年開始營運的航空公司，營運基地位在緬甸的曼德勒，飛航國內線。雖然沒有官方資料，但機身彩繪看起來使用了象徵安達曼海的清爽藍色波浪線條，垂直尾翼上則有金色的寺廟圖案，充滿緬甸風情。拍攝時間：2017年8月　曼德勒

阿芙羅拉航空

Airbus A319-112　VQ-BWV

過去的名稱為薩哈林航空，也有從南薩哈林斯克飛往日本新千歲及成田機場的航班。公司名稱雖然有「極光」之意，但塗裝看不出極光的感覺，顏色及線條反而與北海道阿伊努族的紋樣相似。另外，A319的翼尖小翼處漆成了互補色的橘色，也是一大亮點。拍攝時間：2019年9月　成田機場

InterCaribbean Airways

該公司營運基地位在加勒比海的土克凱可群島，機身使用帶有加勒比海氣息的深藍色與天藍色畫出波浪曲線，公司名稱也以這兩種企業識別色書寫。垂直尾翼上的粉紅色及綠色線條來自於土克凱可群島國旗上描繪貝殼及樹木圖案用的色彩。拍攝時間：2020年1月　聖馬丁島

點狀塗裝

機身彩繪也可以很可愛

將圓點、氣球般的圖案與企業識別色融合在一起的設計，是近來流行的新風潮。由於機身彩繪越來越多元，出現了用圓點表現公司形象這種過去難以想像的塗裝。雖然數量還不多，但已經有航空公司嘗試俐落簡約到複雜的幾何圖案等風格。

伏林航空
Airbus A320-214　EC-JTR

據點在西班牙的廉價航空。垂直尾翼以圓點排列出漸層感的設計十分用心，灰色圓點之中單獨一顆黃點，成了視覺焦點。發動機整流罩漆成黃色，以及直接以網址顯示公司名稱是廉價航空常見的做法，但整體設計相當俐落簡約。拍攝時間：2019年1月　米蘭

克羅埃西亞航空
DHC-8-Q400　9A-CQC

格子狀的方點是塗裝的最大亮點。克羅埃西亞國旗的中央部分為紅白格子狀，垂直尾翼也使用了相同的設計。除了使用紅白藍三色，機腹並漆上淺藍色作為互補色，營造出更明亮的形象。公司名稱的「C」旁邊也加上了方點，更加顯得設計講究。拍攝時間：2015年4月　哥本哈根

勝利航空
Boeing737-8FZ　VQ-BTS

這是俄羅斯航空旗下的廉價航空，公司名稱、垂直尾翼、發動機整流罩都畫上了3個圓點，表現出輕快的形象。活潑的塗裝設計很不像俄羅斯的風格，可惜的是全白機身因為冬季降落時，受到推力反向器的噴濺，看起來不太乾淨。帶有夢幻氣息的色彩應該會很受女性歡迎。拍攝時間：2019年1月　茵斯布魯克（奧地利）

哥倫比亞愉快航空
Airbus A320-214　HK-5307

南美國家哥倫比亞的廉價航空，公司名稱的部分如同許多廉航，直接放上網址，展現活潑的風格。紅藍黃三色為哥倫比亞國旗的顏色，發動機整流罩漆成紅色也有畫龍點睛的作用，並增添了夢幻氣息。該公司的名稱、塗裝都與墨西哥的愉快空中巴士航空相似，但除了兩國都使用西班牙文以外，並沒有共通之處。或許是雙方都想要表現拉丁美洲廉價平易近人的形象，才有這種巧合。拍攝時間：2020年1月　邁阿密

愉快空中巴士航空
Airbus A320-232　XA-VAE

機身的圖案看起來是氣球，又像日本的三色糰子。這間廉價航空公司來自墨西哥，塗裝十分活潑，並使用了墨西哥國旗的綠白紅三色。垂直尾翼的三種顏色還畫上了有如反光效果的白色光斑，相當有趣。拍攝時間：2017年4月　墨西哥城

Canaryfly
ATR42-300　EC-LYZ

有如泡泡般的藍色圓點看起來十分可愛，雖然沒有更多的塗裝設計，但與小巧的飛機相當搭。Canaryfly是飛航西班牙加那利群島的區域航線航空公司，圓點或許代表了島嶼間的海洋。拍攝時間：2014年1月　大加那利島（西班牙）

難以分類
展現獨一無二的風格

機身彩繪可以區分出國旗、全白機身、波浪、
鳥類等不同主題，
但也有一些航空公司
的設計極具特色而難以
分類。這個單元便挑出了
這種不屬於任何主題，
超脫常軌的塗裝加以介紹。

Alsie Express
ATR72-500 OY-CLZ

丹麥的小型航空公司，從頭到尾塗成黑色使飛機看起來有如軍機般。
日本的星悅航空雖然也是全黑塗裝，但是注重設計感的黑色。Alsie
Express只在機身上低調地加上公司名稱，或許可以說是重視強烈風格
的黑色吧。飛機個頭雖小，但在機場看到時，會因為其獨特性與存在感而
不自覺被吸引。拍攝時間：2015年4月　哥本哈根

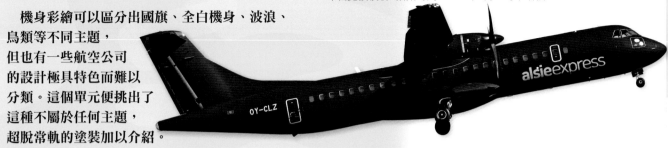

阿提哈德航空的營運基地位在阿布達比，是一家以驚人速度不斷
擴大規模的航空公司，航點也包括了日本的成田機場及中部機場。
機身彩繪的設計十分用心，為2014年引進空中巴士A380時所採
用，藉由多邊形拼貼的3D繪圖技術表現出三度空間般的立體感，
並以金色與銀色表現阿拉伯的沙漠，看起來美不勝收。拍攝時間：
2019年8月　阿布達比

阿提哈德航空
Boeing787-9 A6-BNB

俄羅斯國家航空
Airbus A319-112 EI-EZD

我原本猶豫是否要將這款塗裝歸類為點狀塗裝，但由於不算是點狀圖案，因此分在此
類。這間是俄羅斯航空的子公司，目前的企業識別是在2016年公布的。根據官方說明，
公司名稱旁的「R」轉動時，看起來像風車或發動機的葉片。葉片狀的圖案越往垂直尾翼
方向靠，紅色部分的面積也越大。這款機身彩繪既不是以油漆也不是以貼紙方式處理，
相當費工夫，但也使人感受到嶄新風貌。拍攝時間：2017年6月　巴黎夏爾・戴高樂機場

Sunday Airlines
Boeing757-204 UP-B5705

營運基地位在哈薩克阿拉木圖，母公司為斯卡特航空，有許多飛往普吉島等渡假勝
地的航班。繽紛且讓人聯想到椰子樹的夢幻色彩為塗裝的一大特色，而且還畫上了
飛機的圖案。垂直尾翼可看到使用漸層色寫上的公司名稱。拍攝時間：2019年9月
日本成田機場

Air Century
Bombardier CRJ200R HI1034

來自多明尼加，乍看之下使用的似乎是多明尼加國旗的顏色，但將深藍色換成了黑色。垂直尾翼畫有鮮明銳
利的標誌，發動機整流罩則塗成黑色，使整體更顯得嚴謹有條。上頭畫有一道紅色直線，塗黑的機頭部分也
以紅邊裝飾等設計相當獨特。值得注意的是，機身編號前的國旗同樣將深藍色部分換成了黑色。拍攝時間：
2020年1月　聖馬丁島

環保議題下的民航客機
航空公司透過特別塗裝展現環保意識

　　削減二氧化碳排放以防止地球暖化是現今的當務之急，環保自然成了迫切議題，也是全世界共通的熱門詞彙，因此2000年代以後開始有航空公司透過客機的機身彩繪或貼紙宣揚環保理念。近年來，歐洲還出現了認為飛機會產生溫室氣體，呼籲大眾改搭火車的聲音，「飛機＝不環保」的印象使得航空公司的處境更顯尷尬。受此風潮影響，環保主題塗裝的飛機因而減少，變得不容易看到。這個單元將介紹從日本到其他各國，目前已為數不多的新舊環保主題塗裝。

日本航空

Boeing777-246　JA8984
拍攝時間：2013月
日本羽田機場

Boeing777-346ER　JA734J
拍攝時間：2014年2月
日本成田機場

圖為日本航空的「Ecojet Nature」班機，目的是宣傳「聯合國生物多樣性十年」計畫與機身前段的Sky Eco標章，促進大眾對生態系的保育與對環保的重視。環保與生物多樣性、自然這兩個議題皆有關係，因而催生了這款塗裝。飛航日本國內線的波音777-200已經退役，披著相同塗裝的國際線用波音777-300ER仍持續服役中。

Boeing777-246　JA8984
日本航空在2008年做出了「Sky Eco」宣言，協助採集一萬公尺高空的空氣以分析地球環境變遷成因，並透過機內設備輕量化減少油耗、支援綠化技術研究單位等，還推出Ecojet Nature班機進行宣傳。飛航國際線的波音777-300ER（JA731J）也換上特別塗裝，將象徵太陽的紅色圓弧改為綠色。拍攝時間：2009年4月　日本伊丹機場

Boeing777-246ER　JA707J
日本航空自1993年起與日本國立環境研究所、氣象廳氣象研究所等單位一同展開大氣觀測計畫「CONTRAIL」，觀測高空的二氧化碳濃度，使用波音747-400搭載觀測儀器飛航。觀測任務目前交棒給了10架的波音777-200ER／-300ER繼續進行，一部分飛機並貼有「CONTRAIL」標誌的貼紙。拍攝時間：2013年4月　日本成田機場

全日空之翼
航空

Bombardier DHC8-Q400　JA856A
DHC8-Q400是一款減少了二氧化碳排放量，環保表現優異的飛機，ANA在2010至2018年推出了3架特別塗裝版飛航，對此進行宣傳。原本的藍色線條改成象徵環保的綠色，並取「Eco」（環保）與「Bon Voyage」（一路順風）之意，為披上特別塗裝的飛機賦予「Eco Bon」的暱稱。拍攝時間：2013年3月　日本中部國際機場

日本貨物航空

Boeing747-481F　JA04KZ

日本貨物航空自2007年起引進的貨機採用了有助於輕量化的新塗裝，其中的第一架是機鼻部分漆成綠色的「NCA Green Freighter」。這款新塗裝不僅能減少油耗，在成田機場新設的機棚也採用大量導入自然光的設計，達到節電效果，希望藉此宣傳該公司致力於環保的企業形象。拍攝時間：2011年4月　日本成田機場

聯合航空

Boeing737-824　N76516

圖為宣傳聯合航空進行永續低碳燃料的投資、提升油耗效率、削減二氧化碳排放量等eco-skies活動的特別塗裝飛機，翼尖小翼也漆成了綠色。這架飛機目前已換上了星空聯盟的塗裝，仍持續服役中。拍攝時間：2009年12月　羅德岱堡

Horizon Air

Bombardier DHC-8-Q400　N438QX

營運基地位在西雅圖。這款DHC-8-Q400漆成黃綠色是為了強調其優異的環保表現，並在機身上的Q400旁寫著「comfortably greener」（舒適環保）。圖中這架飛機目前已換上了阿拉斯加航空的塗裝。拍攝時間：2011年6月　西雅圖

波音公司

Boeing777-2J6　N772ET

波音公司在2012年推動了一項名為ecoDemonstrator的計畫，圖中的飛機便是這項計畫的測試機，將以此測試新的飛航科技、新材料等環保措施。這架飛機原本屬於中國國際航空，也時常飛往日本的成田、關西、中部等機場。2018年時成為波音公司旗下飛機，並換上了這款塗裝。拍攝時間：2019年11月　西雅圖波音機場

Airbus A320-214　XA-ECO

這是墨西哥廉價航空英特捷特航空的環保塗裝飛機。這是在一般的塗裝上加黃綠色細線，發動機整流罩也多了「eco jet」的標誌及字樣，但不是很好辨識。機身編號並特別使用「eco」字樣，強調該公司對環保的貢獻。拍攝時間：2017年1月　洛杉磯

英特捷特航空

醒目大字

現今的流行趨勢
一目瞭然的設計有助於強調自家品牌

英文將這種醒目大字的風格稱為「Billboard」，正好與美國著名的音樂雜誌《告示牌》相同。該雜誌的熱門歌曲排行榜影響力遍及全世界，「告示牌百大熱門歌曲」等在日本也相當知名。而在客機的機身彩繪方面，則是法國聯合航空及泛美航空於1980年代率先開啟在機身使用醒目大字寫上公司名稱的風潮，或許是因為看起來讓人印象深刻，於是將這種塗裝稱作「Billboard」。

由於法國聯合航空、泛美航空、里約格朗德航空、委內瑞拉的Avensa航空等率先採用醒目大字體的公司相繼破產或遭併購，當時甚至出現了「把塗裝改成醒目大字體的話公司就會消失」的謠言，讓人覺得是不太吉利的一種設計。但仍有許多航空公司對此不以為意，為了一改過時的側邊水平線條設計，換上了醒目大字體。現在也有眾多航空公司想要迅速讓人認識自家品牌，提升公司知名度，因而採用醒目大字體，再次掀起熱潮。

JET2
Boeing737-86N・G-GDFS

JET2是英國第三大航空公司，以銀色塗裝搭配大大的JET2字樣，尾翼則斜斜地寫上網址。「2」代表英文的to，因此也有「往……去」的意思。「J」的字母中還可以看到飛機剪影的圖案。該公司的飛機基本上是金屬光澤的銀色塗裝，但因為是廉航，也有些單以亮灰色或白色機身搭配公司標誌。英國人竟會做事如此不嚴謹雖然頗令人意外，但乘客倒是給予好評。該公司的子公司Jet2holidays則是完全使用不同的塗裝。拍攝時間：2015年6月　馬約卡島（西班牙）

靛藍航空
Airbus A320-232・VT-IFS

印度的廉價航空。英文的「Indigo」也是牛仔褲使用的染料，使用這個名稱有暗示代表印度、印度人的「INDIA」之意。公司名稱的字體帶圓潤感，看起來有印地語的風格。Go的「G」為大寫，因此也有「GO」的意思。發動機上寫有網址「goIndiGO.in」，這種押韻的手法在英文中並不稀奇，但印度的航空公司也會這樣做就很有意思了。機腹部分圓點排列成飛機圖案的設計也別出心裁。拍攝時間：2018年12月　杜拜

該公司原本叫作聯邦快運航空（Federal Express），母公司聯邦快遞改名為FedEX時，也跟著改名。聯邦快遞是來自美國的貨運公司，業務範圍遍及全球，標誌是由曾替許多美國企業打造品牌形象的朗濤品牌諮詢公司所設計。Fed與Ex使用不同色彩會讓人聯想起過去的名稱。在美國說到Federal，往往帶有聯邦政府的意思，例如Federal Aviation Administration是美國聯邦航空總署，Federal Bureau of Investigation是美國聯邦調查局。雖然聯邦快運航空聽起來像聯邦政府的貨運公司，但其實完全是民間企業。拍攝時間：2016年1月　日本成田機場

聯邦快遞航空
Boeing767-352F・N118FE

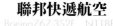

博立貨運航空
Boeing747-47UF・N416MC

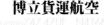

雖然後面的「英文字母」章節也會介紹博立貨運航空，但因為成田機場的航班是由這款塗裝的波音747-400F／-8F與767-300F執飛，所以在此另做介紹。機頭部分寫上了大大的公司名稱，機身後段則塗上DHL的企業識別色與標誌。這是因為DHL持有該公司49％的股份，並使用貨機一部分的空間載運DHL的貨物。或許是因為博立也想要稍微秀出自家的標誌，在有翼尖小翼的機型有加上圓圈與P的標誌。拍攝時間：2019年4月　成田機場

NAC

在阿拉斯加州內提供貨運服務的Northern Air Cargo從過去使用DC-6的時代起，便是以深紅色作為企業識別色。目前的塗裝在NAC三個字母下寫有小小的公司名稱，機身上半部也寫有該公司的呼號「TEAMWORK THAT DELIVERS」，以貨運航空公司來說算是相當擁擠的設計。紅色塗裝在雪白的原野等地飛行時非常顯眼，由於阿拉斯加常有目視飛航的輕型飛機，因此也具有提升安全性的作用。拍攝時間：2013年5月 邁阿密

People's Viennaline

奧地利的航空公司，旗下僅有2架飛機。公司名稱相當有趣，直譯的意思是「大家的維也納航線」。過去美國也曾有一家廉航叫作「People Express」（2014年時復活），翻譯過來則是「大家的快捷航空」之意。People's Viennaline的飛機畫有清爽的藍色線條，但老實說，乍看之下讓人無法想像來自哪個國家。設計得花俏一些固然能提升知名度，但目前的醒目大字體倒也十分優雅。拍攝時間：2013年6月 維也納

藍色群島航空

來自靠近法國的英國屬地澤西島，是娟珊牛的原產地，也有一種針織布料以這座島命名。深藍色blue的部分代表島嶼四周的海洋，islands字樣為金色，據說是鳥的顏色，也有一說來自該島的島徽。垂直尾翼上的圖案是抽象化的鳥，但因為比例太大，看起來反而像海浪。塗裝的重點則是位於機身後段的醒目大字體。拍攝時間：2013年6月 蘇黎世

法國霍普航空
CRJ1000 F-HMLO

是法國航空旗下的區域航線航空公司，塗裝表現出了簡約年輕的氣息，如同該公司名稱所傳達的輕快、短暫飛行之意。公司名稱中使用「!」的例子相當罕見，垂直尾翼也畫上了大大驚嘆號。我看到這款設計時，想起了同樣來自法國、現在已不存在的航空公司Euralair，該公司垂直尾翼同樣為紅色與深藍色的配色，除了驚嘆號以外，兩者極為相似。這兩間公司的設計都展現了活潑、俐落簡約的氣息，符合法國的特色。拍攝時間：2017年6月 巴黎-奧利機場

全亞洲航空
Airbus A330-941 HS-XJB

與母公司亞洲航空的塗裝基本上相同，但在亞洲航空的呼號「NOW EVERYONE CAN FLY」後面加上了「XTRA LONG」（更遠），強調該公司專門提供長途航線服務。原始的亞洲航空塗裝，機身左右側的標誌不同，全亞洲航空則是左右兩邊皆相同。圖中的飛機屬於泰國全亞洲航空。從駕駛艙下方的國旗可分辨飛機是來自馬來西亞或泰國、印尼。拍攝時間：2019年9月 日本中部國際機場

亞洲航空
Airbus A320-216　HS-BBR

圖中是亞洲最大的廉價航空──亞洲航空目前的塗裝。機身左側為2012年起使用的巨大圓體字標誌，垂直尾翼上的則是過去原有的標誌，像這樣同時使用兩種標誌是非常罕見的例子。機身右側則寫上了「Now Everyone Can Fly」的字樣。機身左側文字的位置經過精心設計，即便架設了空橋也不會被遮住。除了馬來西亞的總公司外，亞洲航空還有日本、泰國、印尼、菲律賓等子公司，可以從駕駛艙下方的國旗分辨飛機所屬的國家。拍攝時間：2017年3月　普吉島

維珍航空雖然時常更改塗裝，但基本形象都相同。有時還會出現彷彿來不及換上新版，介於新舊塗裝之間湊合使用的塗裝，因此需要時常留意。目前採用細字的醒目大字體，空巴A330及波音787的該處文字稍微帶有紫色，波音747-400及空巴A340則是黑色。垂直尾翼的紅色濃郁而帶有金屬光澤，可說是胭脂色或亮紅色，日本將這種色彩稱為「昭和的口紅」。這種紅色會因為光線的變化有時深邃有亮澤，有時看起來接近橘紅色，反映出該公司形象妖嬈的獨特設計品味。另外，駕駛艙下方長年來皆繪有飛翔女神手持旗幟的圖案，過去是維珍的旗幟，近年來則獲准使用米字旗。拍攝時間：2019年5月　倫敦

維珍航空
Boeing787-9　G-VNYL

神鷹航空
Airbus A321-211　D-AIAD

神鷹航空來自德國，是歷史悠久的航空公司，近年來併入英國旅遊巨擘湯瑪斯・庫克集團旗下，兼營該集團的航班，塗裝也換成他們的樣式。但該集團在2019年時破產，神鷹航空在德國獲得資金挹注後持續經營，並進行裁員。雖然仍有許多飛機身上仍有過去集團的標誌，今後將統一改成神鷹航空，機身後段的湯瑪斯・庫克標誌也會逐漸消失。營運穩定下來後，有可能會換掉現有的塗裝。拍攝時間：2015年6月　倫敦蓋威克機場

阿拉伯聯合大公國的廉價航空，以點對點方式經營中東、亞洲、歐洲的短程航線。企業識別色來自於北非等地流行栽種的柳橙，以及清真寺常使用的藍色。垂直尾翼的S形線條不僅是由數種深淺不一的藍色組合而成，從大張的照片還可以看出，尾翼前緣的藍色部份其實是由許多小圓點構成，在設計上相當用心。仔細看會發現，垂直尾翼的橘色線條也用了兩種顏色，很費工夫。拍攝時間：2018年12月　杜拜

杜拜航空
Boeing737-8KN　A6-FDI

香料航空
Boeing737 MAX8　VT-MXN

這家廉價航空名字取得十分巧妙，傳達了印度風情及輕鬆的氣氛。企業識別色為深紅色，正好符合辣椒等香料熱情嗆辣的形象，垂直尾翼上接近黃色的橘色圓點讓人聯想到薑黃。香料在印度是唾手可得的烹調材料，公司名稱也有讓形象更平易近人的用意在。每一架飛機都有各自的名稱，機頭部分有小小的「薄荷」、「芥末」、「丁香」、「香草」、「薑黃」等字樣加以標示。拍攝時間：2019年11月　埃弗里特（西雅圖）

邏輯航空
Boeing777-FZN　D-AALE

在全白機　　　　　　身大大寫上公司名稱的設計雖然簡單，卻強而有力。垂直尾翼一
樣只寫了　　　　　　公司名稱，讓人感受到身為貨運航空公司的明快作風，與德國人
樸實剛毅的氣息。邏輯航空的母公司是德國郵政旗下的貨運龍頭DHL與漢莎貨運航空，
因此使用DHL與漢莎航空的黃色，與漢莎航空當作輔助色的灰色。2019年後交機的某
些飛機則是整架都漆成DHL的顏色。拍攝時間：2018年8月　日本成田機場

藍色航空
Airbus A321-211　AP-BMO

巴基斯坦的廉價航空，在機身上以
藍色醒目大字體寫出公司名稱。
巴基斯坦有傳統地毯的藍、清真寺
使用的藍、女性旁遮普服飾的藍等
各種美麗的藍色。該公司標誌的air部分也
刻意使用亮灰色，用粗體字強調blue，塗裝上也
將藍色當成最主要的元素。垂直尾翼上還用藍色圓點排列
出巴基斯坦國旗上象徵進步的新月圖案。拍攝時間：2018年
12月　杜拜

高爾航空
Boeing737-8HX　PR-GUT

來自以足球聞名的巴西，其葡
萄牙文名稱GOL即是射門得分
之意，據說因為如此，將「O」畫成
了有殘影的造型。但也有人認為這
是讓標誌更有立體感的設計，或是代表路
線圖上移動的圓圈。高爾航空雖然是2001年才開
始營運的廉價航空，目前已成長為巴西第二大航空公司，
公司的呼號是「聰明的航空公司」。機身使用手寫風醒目大字體寫上公司
名稱，還畫了一個加號。該公司近年又發表了以醒目大字體畫上新標誌的
塗裝版本。拍攝時間：2015年5月　邁阿密

精神航空
Airbus A321-231　N659NK

在美國自稱為「超廉價航空公司」，經常更換塗
裝，因此在美國的機場還曾經有新塗裝、舊塗裝、
更舊塗裝同時現身的情形。另外，該公司曾使用灰與黑的黑白色系塗
裝，後來改成以藍色為基調，現在則是耀眼的黃色，形象大不相同。
雖然許多航空公司的機身彩繪都會改款，但做到這種地步的公司實屬罕見。位在機身中段的
公司名稱刻意呈現帶有刮痕的感覺，也是該公司的創舉。拍攝時間：2019年11月　洛杉磯

斐濟航空
Airbus A330-243　DQ-FJT

這家來自斐濟的
航空公司在2013
年以前名為「太平
洋航空」，引進空
中巴士A330後改
成現在的名稱。機
身上寫有大大的
FIJI字樣，垂直尾
翼與發動機整流

罩上有如象形文字的圖案，讓人聯想到南島的原住民。過去會在機身貼上充滿熱帶氣息的斐濟島嶼照片等。
但為了進一步提升斐濟的知名度，因此更改公司名稱，並根據「全面表現斐濟文化」的新公司政策設計機身彩
繪。拍攝時間：2016年7月　香港

歐洲大西洋航空
Boeing767-33AER　CS-TRN

來自葡萄牙，是間經營
包機航班的航空公司，
規模雖小，但旗下擁有
波音777與767。機身
前段以醒目大字體清楚寫上
公司名稱，不過或許是考量到標誌的整體均衡
感，euro使用小寫，後方則拉出了一道橘色細線延伸至機尾，
垂直尾翼則使用3種美麗的藍色畫出波浪般的圖案，是相當成熟洗鍊的機
身彩繪，同時也營造出全歐洲都能享受到該公司的服務，具備國際視野的形
象。拍攝時間：2015年6月　馬約卡島（西班牙）

Air Transport International

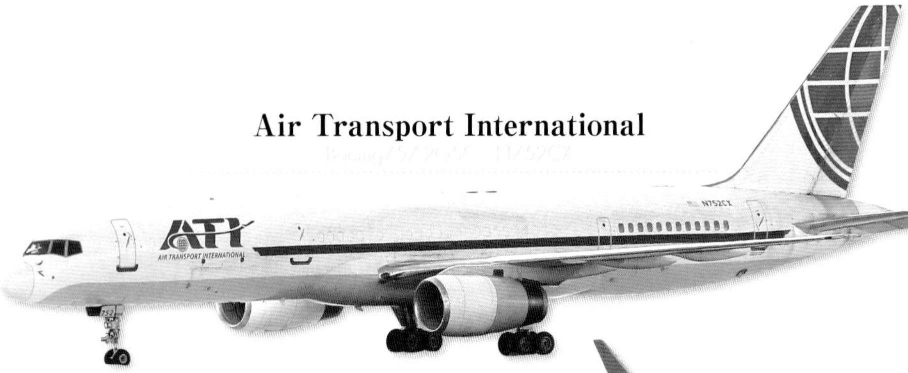

縮寫為AIT，是美國的貨運包機航空公司，企業呼號是「前往世界的每個角落」，在ATI處也畫有地球圖案呼應。美國過去有許多類似的貨運航空公司，但近年來因為美國政府財政吃緊，美軍的包機運輸量銳減，經營仰賴承包美軍業務的公司紛紛倒閉。不過ATI存活了下來，並時常飛往日本的橫田基地。該公司旗下也有沒寫上公司名稱，或是只寫ATI字樣的飛機。拍攝時間：2017年11月　美軍駐日橫田基地

德威航空

Boeing737-8HX　HL8024

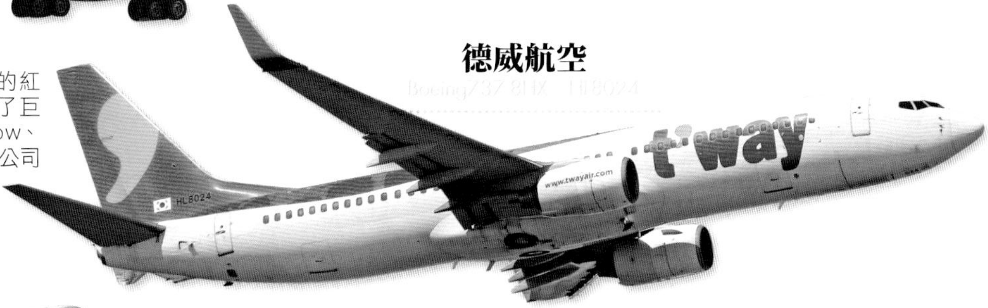

韓國的廉價航空，在機身上使用顯眼的紅色畫出t'way標誌，垂直尾翼則畫上了巨大的撇號。公司名稱的「T」有tomorrow、together的意思，「'」則強調了「T」。該公司以提供高品質服務著稱，並曾獲評為韓國服務排名第一的廉價航空。拍攝時間：2019年10月　關西機場

DHL

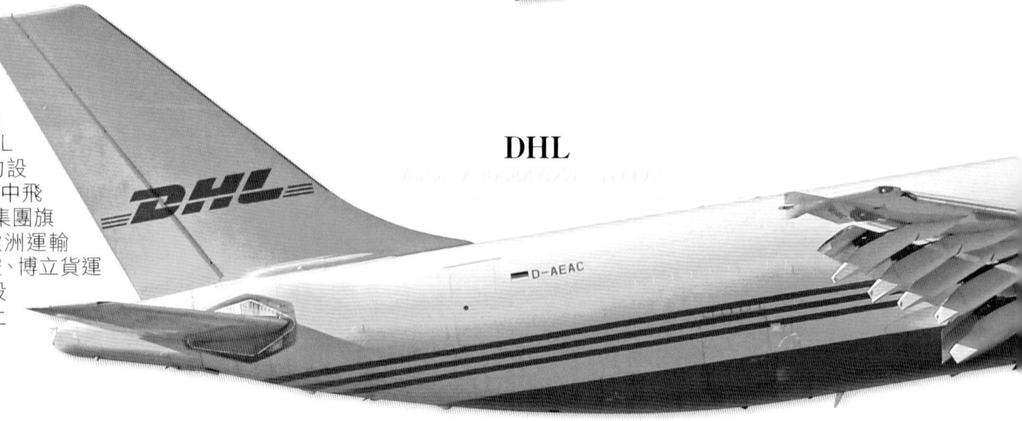

德國郵政旗下的貨運公司，但服務範圍不限於德國，全美乃至世界各地都能見到其蹤跡。企業識別色是與母公司相同的黃色並搭配紅色線條，機身及垂直尾翼都寫有大大的DHL字樣，以貨機而言是風格非常強烈的設計，而且機腹同樣漆成了深紅色，在空中飛行時也能分辨。圖中的飛機屬於DHL集團旗下主要負責歐洲地區業務的萊比錫歐洲運輸航空。另外，DHL也持有香港華民航空、博立貨運航空、邏輯航空等貨運航空公司的股份，因此上述公司的部分飛機也會漆上DHL的黃色。拍攝時間：2019年1月　米蘭

馬丁航空

Boeing747-412BCF　PH-MPS

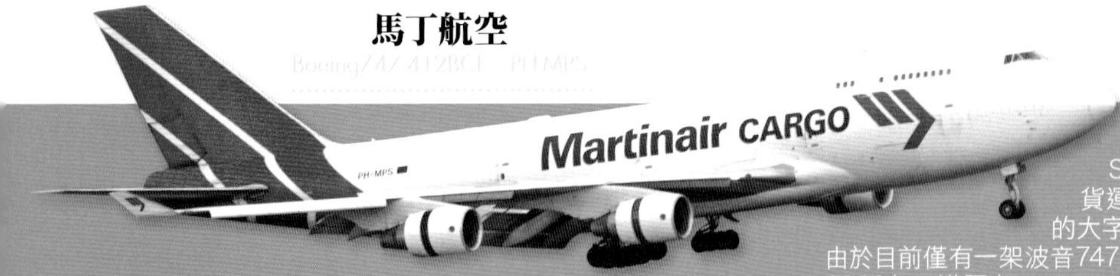

馬丁航空是荷蘭人施洛德（Martin Schröder）所創立，目前負責荷蘭皇家航空的貨運業務。標誌據説是抽象化的「M」，機身以醒目的大字寫著Martinair CARGO，但使用的字體不同。由於目前僅有一架波音747為完整塗裝，因此相當不容易看到。拍攝時間：2020年　邁阿密

亞德里亞航空

Bombardier CRJ900　S5-AAK

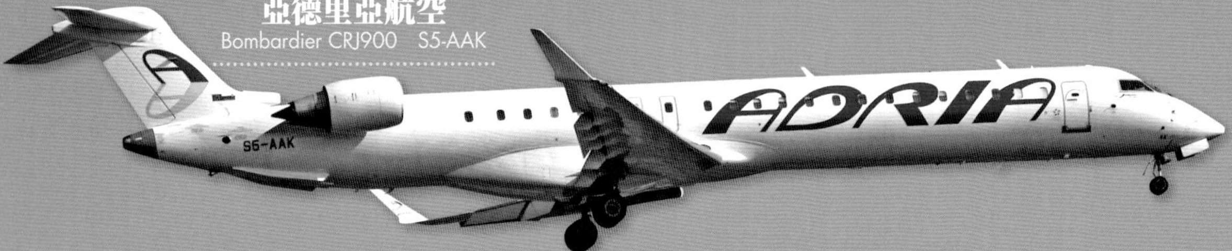

斯洛維尼亞的國家航空公司，機身使用造型圓潤並一部分加粗的醒目大字，寫上了公司名稱。文字顏色是斯洛維尼亞國旗及國徽的藍色，輔助色則是介於天藍色與翡翠綠之間的色彩。機艙門的邊緣及垂直尾翼的對稱圖案下半部皆使用了輔助色，讓人感受到斯洛維尼亞盛行冬季運動的形象。另外，公司名稱雖然意指亞德里亞海及周邊的文化，但斯洛維尼亞僅有一小部分鄰海。遺憾的是，該公司已在2019年宣布停飛，不過仍有希望復飛。拍攝時間：2010年7月　茵斯布魯克

andes

Boeing737-8K5　LV-HLK

是來自阿根廷的小型航空公司，醒目大字體的設計充滿了氣勢，因此歸類在醒目大字體而非全白機身的類別。機身與垂直尾翼以圓體小寫字母寫上了公司名稱，仔細看會發現，機身處的公司名稱後方還用小字寫上公司網誌。公司標誌則低調地畫在發動機整流罩上，位在翼尖小翼的阿根廷國旗則增添了亮點。整體風格雖然簡約，但很有時尚感。拍攝時間：2019年2月　美國鳳凰城固特異機場

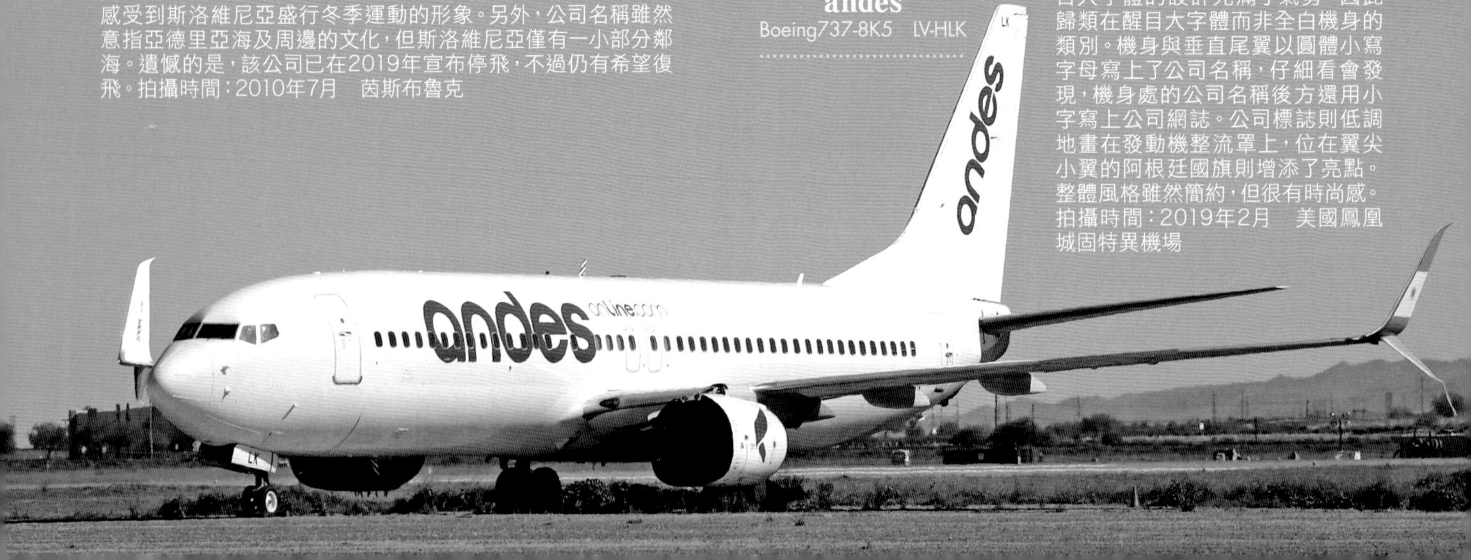

白色航空

Airbus A320-214　CS-TRO

葡萄牙的包機航空公司，或許是因為不可能真的從頭到尾全都使用白色，機身以銀色大字寫上了公司名稱，垂直尾翼則是以銀色搭配反白書寫white字樣。機身的公司名稱上方還以多色小字寫上「colored by you」（由你決定顏色）。由於白色航空常將飛機租借給其他公司，因此似乎不要花太多心思在塗裝上比較好。拍攝時間：2015年6月　馬約卡島（西班牙）

區域快線航空

Saab340B　VH-ORX

經營澳洲昆士蘭周邊地區的區域航線航空公司。位於機身後段的「rex」標誌是由公司縮寫而來，字體像是小朋友寫出來的字。醒目大字體塗裝通常都將字放在機身前段，但紳寶340因空間不夠，會被螺旋槳擋住，於是乾脆放在機身後段。過去還曾將網址及電話號碼也寫在機身上，現在的版本較為簡潔。拍攝時間：2016年2月　雪梨

阿羅哈貨運航空

Boeing737-319SF　N303KH

過去長年飛翔於夏威夷天空的阿羅哈航空倒閉之後，在2008年以現今之姿復活。機身使用萊姆綠與橘色大大寫上公司名稱，十分顯眼。垂直尾翼的圖案有熱帶植物的樹葉、旗魚等不同說法，但沒有任何官方資料，似乎只是設計意象而已。如此強調自家公司名稱的設計就貨運航空公司而言相當罕見。這款展現熱帶氣息的機身彩繪在夏威夷也很受歡迎。拍攝時間：2016年6月　檀香山

Boeing737-86N TC-TJO

拍攝時間：2018年12月　杜拜

克雷頓航空

自歐盟成立以來，跨足多國的航空公司在歐洲可說是家常便飯。克雷頓航空原本是土耳其的航空公司。在荷蘭及馬爾他也有同集團的公司，過去的塗裝在機身上寫有網址。目前的版本則如圖所見，公司名稱旁有一顆星星做裝飾。近來還有在垂直尾翼寫上.com的塗裝版本，不過官方網站上看到的仍是這個樣式，正式版本塗裝的字體會略小一些。該公司也和歐洲大部分廉航一樣，會向其他航空公司短期租用飛機。

Boeing737-804 PH-CDF

拍攝時間：2015年6月　馬約卡島（西班牙）

公務航空
Boeing 757-256　F-HTAG

來自法國,經營紐約與倫敦、巴黎間的航線,是一家充滿獨創性的公司。如同垂直尾翼所寫,所有座位皆為商務艙,提供高品質的服務。塗裝使用帶有金屬光澤的藍色,公司名稱全部使用大寫字母書寫,僅「C」特別大的設計很有時尚感。雖然很想和大家說,一定要親眼看看飛機實際顏色散發的光芒,但由於航點及班次很少,因此很難看到。拍攝時間:2015年6月　倫敦魯頓機場

歐洲航空
Boeing 737-85P　EC-MXM

營運基地位在西班牙馬約卡島。除了公司名稱外,機身與垂直尾翼還放上了字母「a」和「e」組合成的標誌。過去的塗裝有使用紅色,換成現在的版本後,只有寫上大大的公司名稱,設計更為簡約。拍攝時間:2019年1月　米蘭

波羅的海航空
Airbus A220-300　YL-CSE

公司名稱Baltic意指波羅的海、波羅的海三國,前蘇聯海軍的波羅的海艦隊也很知名。這間航空公司來自拉脱維亞,使用罕見的黃綠色。過去的塗裝在機身上寫有網址,引進空中巴士A220之際改款成為醒目大字體的設計。拍攝時間:2019年1月　米蘭

薩拉姆航空
A320-214　A4O-OVC

來自阿曼的廉價航空,於2017年開始營運,營運基地位在首都馬斯喀特,航線遍布伊朗、沙烏地阿拉伯、巴基斯坦、科威特等中東國家。以醒目大字體書寫的公司名稱和該官網使用的字體一樣閃閃發亮,不容易看清楚。垂直尾翼上的標誌為漸層色彩,符合目前流行的塗裝風格。阿曼雖然是沙漠國家,機身後段的綠色圓點增添了活潑氣息,看起來也有如沙漠中的綠洲般。拍攝時間:2018年12月　杜拜

半島航空
Airbus A320-251N　9K-CAQ

中東的航空公司過去多以全白機身搭配標準大小的公司名稱,近年來使用醒目大字體似乎成為一股風潮,半島航空便是其中之一。該公司引進空中巴士A320neo之際發表的新塗裝,採用與過去相同的企業識別色,並搭配醒目大字體。乍看之下似乎簡單,但垂直尾翼的幾何圖案與公司名稱使用了3~4種藍色系色彩,相當用心。雖然用色與ANA相近,但以這個例子來說,只要在設計上下工夫,呈現出來的感覺也會大不相同。拍攝時間:2018年12月　杜拜

納斯航空
Airbus A320-214　VP-CXQ

沙烏地阿拉伯的新興廉價航空,過去叫作Nas Air的時代塗裝設計不算完善,但在更名的同時,採用活潑的翡翠綠,新的企業識別也展現了輕快氣息,令形象為之一變。雖然要前往沙烏地阿拉伯觀光仍然不容易,但未來若是放寬觀光簽證核發,相信該公司應該會進一步拓展航點,屆時便能在更多機場看到這鮮豔的翡翠綠塗裝。拍攝時間:2015年3月　杜拜

白俄羅斯航空
Boeing737-8ZM　EW-455PA

過去的塗裝是在機身側面畫上深藍色線條，很有前蘇聯的樸素風格，近年來則改成了醒目大字體。垂直尾翼漆成明亮的藍色並畫上花朵，「i」也將上面的小點換成花朵，增添了亮點。雖然沒有官方資料，不過白俄羅斯以非洲堇聞名，因此機身上的花朵圖案或許是以非洲堇為造型。拍攝時間：2019年1月　米蘭

亞馬遜航空
Boeing767-338ER　N307AZ

著名電商公司亞馬遜旗下的貨運航空公司，也在國土遼闊的美國擔任配送亞馬遜貨物的專機。過去原本是由Air Transport International等航空公司以Amazon Prime Air之名負責營運，Amazon Prime Air後來轉型為使用無人機進行配送，貨機業務便交由Amazon Air經營。該公司飛機的機身上有大大的Prime Air字樣，垂直尾翼則畫了亞馬遜的標誌。從飛機也可以觀察到現在已經是連科技業都擁有自家專機的時代了。拍攝時間：2019年2月　鳳凰城

新義大利航空
Airbus A330-200　EI-GGP

該公司名稱及組織曾經歷過數次變更，目前的塗裝版本使用栗子色的圓潤字體大大寫上公司名稱，並在ITALY的「Y」加上了與字體相同粗細的翡翠綠線條，看起來像鳥一樣。發動機整流罩也畫有方向翻轉過來的Y，更添特色。將栗子色與翡翠綠這兩種難以搭配的顏色完美組合在一起，令人不禁讚嘆義大利的設計功力。垂直尾翼上的花押字圖案營造出有如LV、GUCCI等歐洲名牌般的不凡品味。遺憾的是，新義大利航空已在2020年2月停止營運，公司也遭到清算。拍攝時間：2019年1月　米蘭

布拉森支線航空
ATR72-500　SE-MDH

布拉森支線航空是來自瑞典的區域航線航空公司，機身後段寫有大大的公司名稱縮寫BRA。在全白機身上使用銀色書寫公司名稱Logo出人意料地好看，並且顯得高貴。機身前段寫著公司網址，垂直尾翼則漆上了九種繽紛色彩，有如彩虹般。拍攝時間：2019年8月　雅典

2014年開始營運的希臘小航空公司，Ellin在希臘語中是「希臘」的意思。在全白機身使用希臘國旗的藍色畫上標誌的塗裝設計簡約又清爽。垂直尾翼的圖案看起來像是希臘國旗的線條，但由於沒有正式的官方說明，因此歸類在醒目大字體而非國旗。拍攝時間：2019年8月　雅典

Ellinair
Airbus A319-133　SX-EMB

朱恩航空
Airbus A320-214　F-GKXY

法國航空在2017年成立的廉價航空，朱恩（JOON）為法語的「年輕」之意。由於法荷航集團旗下已經有泛航航空、法國泛航航空等廉航，當時業界曾傳出質疑的聲音。果然不出所料，僅過了一年半，朱恩航空便結束營運。不過直到2019年底，歐洲都還看得到朱恩航空的飛機翱翔天際，所以還是在本書中做介紹。塗裝設計感覺十分活潑，很有廉航風格，並將第一個「O」塗滿以增添變化。公司名稱旁比照法國航空，加上了與Logo相同顏色的緞帶圖案。有些公司儘管塗裝設計相當用心，但仍舊逃不過退出舞台的命運。拍攝時間：2019年5月　里斯本

西捷航空
Boeing787-9　C-GUDH

標榜高品質服務、價格低廉，目前是加拿大第二大航空公司，國內航線及美洲航線為該公司的主力，近年來還將航線拓展至歐洲。塗裝在2018年進行了小改款，並發表新的企業識別，在機身採用醒目大字體。垂直尾翼則使用美麗的漸層色畫上加拿大的楓葉。拍攝時間：2019年5月　倫敦蓋威克機場

連城航空
Airbus A320-232　PK-GLJ

嘉魯達印尼航空旗下的廉價航空，機身的公司名稱下方寫有小小的母公司名稱。垂直尾翼部分嘉魯達印尼航空為淺藍色與藍色漸層，連城航空則使用綠色系的色彩。發動機整流罩上寫有公司網址，很符合廉航的作風。拍攝時間：2015年11月　泗水

藍色巴西航空
Embraer195　PR-AXR

公司名稱中的Azul有蔚藍天空之意，企業識別色為深藍色。垂直尾翼與機身的公司名稱旁，都有用繽紛色彩畫出巴西國土形狀。從圖片可能不容易看出來，機腹的圓弧狀深藍色部分上緣有一道翡翠綠的細線。這道線條顏色會隨飛機而有紅色、藍色等不同顏色的版本。拍攝時間：2014年3月　聖保羅

西南航空
Boeing 737-8H4　N8527Q

在營運初期的基本色，是用在垂直尾翼的橘色及棕色。約10年前進行改款後，改以藍色作為主體，並在前幾年將公司名稱換成醒目大字體，打造出風格強烈的塗裝。讓自家飛機更為顯眼，不輸給美國其他大型航空公司。拍攝時間：2019年11月　舊金山

Contour Airlines
Embraer ERJ135LR　N16525

美國的地區航空公司，接受政府補助經營許多飛往交通不便地區的航線。機身後段使用5種藍色漆成漸層狀，垂直尾翼的十字圖案看起來像飛機，也像是路線圖，搭配醒目大字體營造出清爽的形象。拍攝時間：2019年2月　鳳凰城

宿霧太平洋航空
Airbus A320-271N　RP-C3281

積極開設日本航點的宿霧太平洋航空，使用深黃色與檸檬黃般的黃色作為企業識別色。雖然標誌看起來像抽象化的鳥，但根據官方說法，其實沒有特別的意義，藍色與綠色則是董事長喜愛的幸運色。小改款後的新塗裝，在機腹處也加上了公司名稱。拍攝時間：2019年9月　日本成田機場

沃拉里斯航空
Airbus A320-271N　XA-VRH

尾翼的馬賽克狀圖案極具特色，這樣的塗裝雖然施工不易，但很能讓人留下印象，或許可以視為正確的策略。除了許多飛機都以人名命名外，近來也如同圖片所看到的，使用醒目大字體寫上公司名稱，並發表了新的企業識別。再加上漆成粉紅色的發動機整流罩，機體因此更為顯眼。拍攝時間：2019年2月　洛杉磯

途易集團

拍攝時間：2015年6月　馬約卡島（西班牙）

Neos Boing787-9 EI-NEW

拍攝時間：2019年1月　米蘭　　TUIfly Nederland　Boeing787-8　PH-TFM

拍攝時間：2017年5月　日本成田機場

歐洲的旅遊業巨擘途易旅遊自2000年代前期開始投資各國的包機航空公司，因此每家公司特色塗裝都更改成集團的統一版本。由於被併入途易旗下，方舟航空、捷特飛航空等也更名為荷蘭途易航空、比利時途易航空、北歐途易航空、英國途易航空、德國途易航空（也有部分公司尚未改名）。法國的科西嘉國際航空雖然沒有退出途易集團，卻在2012年換回自家原本的塗裝。途易集團旗下的航空公司還有義大利的勒奧斯航空、英國的湯姆森航空，但在改為機身後段穿插深藍色的現行塗裝後，便失去了特色。

厄瓜多航空

Airbus A319-112　HC-COF

厄瓜多的國家航空公司，但規模不如過去，截至2020年初旗下僅擁有5架飛機。其中能飛航國際線的只有2架，因此很難有機會看到。過去的塗裝為深藍色，垂直尾翼畫有鳥的圖案，現在則改為醒目大字體，機身後段至垂直尾翼以淺藍色畫上象徵鳥翅膀的圖案。由於乍看下不像鳥，所以歸在此類。仔細看可以發現，公司名稱「t」左邊凸出的部分是黃色的。拍攝時間：2015年5月　紐約甘迺迪機場

Strat Air

Boeing767-323ER (BDSF)　N351CM

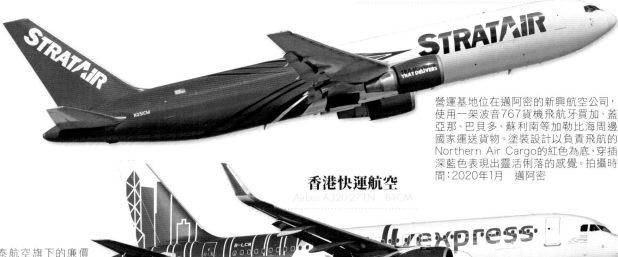

營運基地位在邁阿密的新興航空公司，使用一架波音767貨機飛航牙買加、蓋亞那、巴貝多、蘇利南等加勒比海周邊國家運送貨物。塗裝設計以負責飛航的Northern Air Cargo的紅色為底，穿插深藍色表現出靈活俐落的感覺。拍攝時間：2020年1月　邁阿密

香港快運航空

Airbus A320-271N　B-LCM

為國泰航空旗下的廉價航空，由於在被國泰航空併購前是由其他企業經營，因此塗裝完全沒有國泰航空的色彩。垂直尾翼畫有香港的街景，這種在飛機上畫建築物的設計相當罕見。機身以醒目大字體寫上代表香港的HK與express字樣，機身後段則用小字寫上了網址。拍攝時間：2018年2月　日本成田機場

弗萊比航空
Bombardier DHC-8-402Q　G-PRPA

英國的區域航　　線航空公司，經營許多二三線都市的航線。該公司近年來將企業識別色改為紫色，即使不　　討喜但變得更加顯眼了。發動機整流罩上寫有「比公路及鐵路快」的標語，很有區域航線航空公司的風格。併入維珍航空旗下後，曾因新冠肺炎疫情影響暫時停飛，2022年復飛後，2023年1月宣告破產。拍攝時間：2019年5月　倫敦蓋威克機場

首爾航空
Airbus A321-231　HL8281

韓亞航空旗下的廉價航空，營運基地位於首爾。包括韓亞航空移交的航線在內，航點遍及日本各地。塗裝使用了亮灰色當作互補色，襯托該公司招牌的翡翠綠色彩。設計為廉價航空常見的活潑風格，並以醒目大字體強調公司名稱。拍攝時間：2018年3月　日本成田機場

Boeing737-8GP PK-LBR

拍攝時間：2015年11月　泗水

Airbus A320-214　PK-LAF

拍攝時間：2015年11月　泗水

獅子航空集團
巴澤航空／馬印航空

近年來發展迅速的獅子航空集團來自印尼，雖然是廉價航空，但又設立了傳統航空公司巴澤航空，並在馬來西亞成立馬印航空，於東南亞擴大版圖。巴澤是印尼及馬來西亞的一種染色布料，花紋繁複美麗，垂直尾翼上的圖案便是其花紋。波音737與空中巴士A320使用不同花紋這一點相當有意思。

Boeing737-8GP　9M-LCL

拍攝時間：2017年3月　曼谷廊曼機場

字母

藉由垂直尾翼上的字母表現航空公司的獨特性

　　日本在仍有日本航空、ANA、JAS三家航空公司共存的2000年代以前，這三大公司皆在垂直尾翼寫上公司簡稱，或許這些公司的通稱就是這樣來的。但以世界各國航空公司的塗裝來看，在垂直尾翼寫上公司名稱等字母的例子並不多。這個單元要介紹的便是沒有畫上鳥、動物等圖案，字母在整體塗裝中格外顯眼的機身彩繪。當我著手分類後，突然產生：「各家航空公司垂直尾翼上的字母有沒有辦法從A排到Z？」的念頭。雖然也翻出了舊照片來找，但終究無法湊齊二十六個字母，實在可惜。

ABX Air
Boeing767-232BDSF　N750AX

此間貨機公司過去曾支援ANA及日本航空，在成田及關西機場可以看到。原本是名為Airborne Express的小型貨物運輸公司，2000年代中期更名為ABX Air。目前可以看到垂直尾翼上有大大的「A」字。直到約10年前為止，還有一家叫做飛箭航空的包機航空公司同樣在垂直尾翼上寫有A，該公司的呼號也叫「Big A」。但由於飛箭航空破產，因此垂直尾翼上寫A的航空公司就只剩下ABX Air。這個巨大的A字，在全美各地的機場都十分顯眼。拍攝時間：2015年5月　邁阿密

布魯塞爾航空
Airbus A320-213　OO-TCQ

旗下客機的垂直尾翼上皆以圓點排列成「b」。由於來自比利時，該國英文開頭同樣也是B。用圓點排列成公司名稱Logo相當罕見，仔細看可以發現這些圓點感覺好像會發光，因此也有說法認為是象徵機場的跑道或助航燈光。另外，每架飛機上的圓點都是14個，據說是因為基督教國家將13視為不吉利的數字。該公司的口號也同樣用了B的「BEE-LINE」。從整體塗裝來看，機腹處為了防止髒污漆成淺灰色的部分較其他航空公司位置更高，似乎也是刻意的。拍攝時間：2019年5月　倫敦蓋威克機場

在墨西哥代表熱情、團結等意義的紅色，也可以見於國旗。這間來自墨西哥的貨運航空公司，將垂直尾翼與發動機整流罩漆成「傳達熱情的紅色」。垂直尾翼寫有公司名稱第一個字母「e」，下方還故意加了一道細線，或許是要增添俏皮感吧。另外，Estafeta使用的紅色不是法拉利那樣的深紅色，而是稍微帶點橘的紅色，展現了墨西哥的氣息。該公司以飛航墨西哥國內線為主，但也有定期航班飛往美國的邁阿密。拍攝時間：2015年5月　邁阿密

Estafeta
Boeing737-3M8F　XA-GGB

捷時航空
Boeing737-79L　OY-JTP

IKEA等北歐家具、北歐雜貨、北歐餐具在日本都十分受歡迎，而芬蘭航空、瑪莉美歌等品牌也以簡約出眾的設計著稱。但同樣來自北歐丹麥，捷時航空給人的感覺可能就比較兩極了。以主觀想法而言，實在不得不說「用色讓人不知該如何評論」。圖中看到的是近年進行小改款後的新塗裝，垂直尾翼上的「JT」會讓人聯想到日本菸草公司，銀灰色的機尾也給人傻氣的感覺。但由於捷時航空是以包機業務為主，或許公司就是不想讓飛機太顯眼。另外，該公司近年來也將飛機租借給北歐航空，並接受委託代為營運。拍攝時間：2019年5月　豐沙爾（葡萄牙）

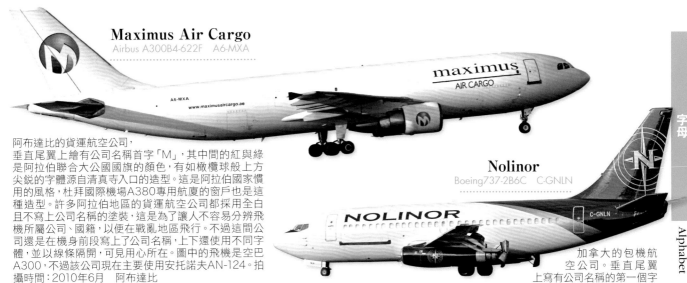

Maximus Air Cargo
Airbus A300B4-622F A6-MXA

阿布達比的貨運航空公司，
垂直尾翼上繪有公司名稱首字「M」，其中間的紅與綠
是阿拉伯聯合大公國國旗的顏色，有如橄欖球般上方
尖銳的字體源自清真寺入口的造型。這是阿拉伯國家慣
用的風格，杜拜國際機場A380專用航廈的窗戶也是這
種造型。許多阿拉伯地區的貨運航空公司都採用全白
且不寫上公司名稱的塗裝，這是為了讓人不容易分辨飛
機所屬公司、國籍，以便在戰亂地區飛行。不過這間公
司還是在機身前段寫上了公司名稱，上下還使用不同字
體，並以線條隔開，可見用心所在。圖中的飛機是空巴
A300，不過該公司現在主要使用安托諾夫AN-124。拍
攝時間：2010年6月 阿布達比

Nolinor
Boeing737-2B6C C-GNLN

加拿大的包機航
空公司。垂直尾翼
上寫有公司名稱的第一個字
母「N」，周圍並加上像是標示方位
的十字圖案。深藍色搭配金色不僅美
觀、氣派，也散發成熟穩重的氣息，
符合加拿大航空公司的風範。拍攝時
間：2011年4月 西雅圖波音機場

芬蘭航空
Airbus A350-941 OH-LWD

自1960年代起便開始用這個「F」
標誌。F外面最初有圓圈圍住，第二代
則是用正方形圍住，並加上漸層等設計，做出
各種變化，現在則只剩下F。公司名稱所使用的醒目大字體是截去F及A等字母左上角的斜體字，加粗F
的直線部分、N的斜線部分等形成了獨特的設計。另外，公司名稱所使用的塗料不知道是不是加了些許
珍珠，在不同光線下有時看起來顏色深邃，有時看起來會發光。雖然只有白與深藍兩種顏色，但設計
相當出色，彷彿象徵了芬蘭純白的雪與深藍色天空。拍攝時間：2017年9月 日本關西機場

TAP葡萄牙航空
Airbus A320-251N CS-TVB

這款充滿歐洲風情的塗裝設計是
日本人學不來的，或該說即使學了也
不適合的。TAP是「Transportes
Aereos Portugueses」的縮寫，
國際上通稱為TAP葡萄牙航空。
Portugueses與接在TAP後面的
「葡萄牙」都是「P」開頭，十分獨
特。TAP葡萄牙航空原本採用與國
旗顏色相同的深綠與紅作為塗裝，
改為現在的版本後，綠色也變淺了。
機身上三個字母的重疊程度、色彩
變化都展現了設計品味。垂直尾翼
上的公司名稱難得寫成直的卻不
顯突兀，可說是非常成熟洗鍊的美
感。拍攝時間：2019年5月 豐沙爾
（葡萄牙）

博立貨運航空
Boeing747-46NF N450PA

雖然博立絕大多數
都將機身後段漆
成DHL的黃色，但
這架仍保留原始塗
裝，垂直尾翼上的
「P」極具意義。美
國過去有一家叫作
飛虎航空的貨運航
空公司，使用圓圈與T的標誌，但由於遭聯邦快遞併購，目前已不
存在。飛虎航空的前員工後來成立了博立貨運航空，並使用圓圈
P作為標誌。公司剛成立時的呼號「POLAR TIGER」，也是由飛
虎航空的呼號「TIGER」而來。1980年代就開始追逐飛機的人，
或許有機會可以同時看到飛虎航空的T與博立貨運航空的P吧。
拍攝時間：2017年10月 日本成田機場

太陽城航空
Boeing737-8Q8 N805SY

以深藍色與橘色為主的塗裝有種看
起來很熱的感覺，但因為公司名稱裡
有「太陽」，展現出炎熱的形象說不定
更好。垂直尾翼與機身前段畫有字母
「S」及指南針般的標誌。太陽城航空
的樞紐機場位在美國
北部明尼蘇達州的明尼
亞波利斯，屬於寒冷的
地區。但因為有飛往溫
暖的佛羅里達及加州的定期航班，所以
或許是出於對太陽的嚮往，取了這個名
字。拍攝時間：2019年11月 洛杉磯

北歐航空
Airbus A320-251N　EI-SII

從這款機身彩繪可以感受到北歐的出眾品味。過去使用DC-10及波音767飛航日本航線時的設計，出自美國的朗濤品牌諮詢公司之手，目前的版本則是由斯德哥爾摩設計實驗室所打造。機身為帶有一絲藍色的淺灰色，藍色垂直尾翼上有反白的SAS標誌，漆成橘色的發動機整流罩則營造出鮮明對比。機頭部分有小小的SAS標誌與國旗，機身後段同樣有國旗圖案。飛往日本的空巴A340可以看到方點排列成的挪威、丹麥、瑞典三國國旗與四方形的SAS標誌。近年亮相的空巴A350則是以這個版本塗裝為基礎，用醒目大字體在機身寫上SAS。拍攝時間：2019年5月　倫敦蓋威克機場

德國之翼航空
Airbus A320-211　D-AIQL

如果你在機場看到德國之翼航空的標誌，可能會驚訝地問：「這不是做內衣的華歌爾嗎？」垂直尾翼上的「W」確實與華歌爾的標誌頗為相似。該公司過去的塗裝以銀色為基調，但因為屬於漢莎集團，並接手了漢莎航空的航線及飛機，所以後來改成與漢莎航空相同的全白機身，機腹漆成淺灰色，機身前方並有寫著「漢莎集團」的小字。相較於其他廉航會大大寫上網址，德國之翼航空並不強調廉航的色彩，而是標榜讓旅客自行選擇需要哪些服務的概念。拍攝時間：2019年5月　倫敦蓋威克機場

泛航航空
Boeing737-84P　F-HTVL

這是以荷蘭與法國為主要據點的廉價航空，垂直尾翼上畫有圓圈與t的塗裝設計十分活潑，營造出輕鬆、便捷的形象。雖然是法荷航集團的一員，但與母公司不同形象，選擇展現開朗氣息的綠色。過去的塗裝在機身處畫有直線，並寫上了網址，圖中的新塗裝則只有公司名稱的大字，改走簡約路線。或許因為泛航在歐洲已經是知名的廉航公司，所以讓飛機看起來吸睛會比寫上網址更好。拍攝時間：2019年5月　豐沙爾（葡萄牙）

烏塔航空
Boeing757-2Q8　VQ-BEY

來自俄羅斯的烏塔航空冬天會飛往溫暖的泰國。機身前段以醒目大字體寫上了公司名稱，垂直尾翼上將字母抽象化的圖案勉強可以看出來是UT，塗裝極為簡約。遺憾的是，查過網站及各種資料之後，仍然無法得知UT這兩個字母及標誌的意義為何。文化與設計有共通之處，如果俄羅斯更進一步認知到設計品味及企業識別的重要性，未來或許能看到更有意思的機身塗裝。拍攝時間：2013年1月　曼谷

AVIOR
Boeing737-401　YV3011

這是從委內瑞拉巴塞隆納來的中型航空公司。垂直尾翼上寫著大大的「A」，中間彷彿有飛機飛過的設計是一大特色。除了發動機整流罩上寫有網址，駕駛艙擋風玻璃延伸出的黑色部分也增添了銳利感。由於航點以委內瑞拉國內及哥倫比亞為主，因此相當不容易看見。拍攝時間：2015年5月　邁阿密

阿爾巴之星航空
Boeing737-8K5　EC-MTV

為包機航空公司，來自西班牙馬約卡島，垂直尾翼上有大大的草寫「A」。機身的公司名稱使用紅與綠兩種企業識別色書寫，同樣為手寫風字體。由於航班不多，因此難得有機會看到該公司的飛機。拍攝時間：2019年1月　米蘭

Aeromar
ATR72-600　XA-UYM

經營墨西哥國內航線的中型航空公司，垂直尾翼上的圖案為抽象化的「AM」。從機身前段拉出的淺藍色線條一直延伸至後段，並加上深藍色的影子製造出立體感。由於官方網站也是用深藍與淺藍，由此可知這兩種藍色是該公司的企業識別色。墨西哥以阿卡普科、坎昆等眾多美麗的海灘著稱，這兩種藍色也讓人聯想到了海灘的迷人風光。拍攝時間：2017年4月　墨西哥城

美國東方航空／Swift Air

Boeing767-266ER　N605KW
拍攝時間：2019年11月　洛杉磯

Boeing737-4B7　N802TJ
拍攝時間：2019年11月　洛杉磯

到1980年代為止，美國東方航空原本是美國四大航空公司之一，但後來在1991年破產停飛。2015年時雖然又有新公司以東方航空之名亮相，但也在2017年停飛。之後則是Dynamic Airways 所持股的Swift Air買下了東方航空的商標，以第三代之姿登場。第三代東方航空並未使用傳統的東方航空塗裝，而是沿用Swift Air的新款塗裝，仔細觀察垂直尾翼可以發現圖案之中有「S」這個字母。不同色彩的色塊組合在一起有如紙飛機般的塗裝是一大特點，Swift Air也是採用相同設計。

薩菲航空
Airbus A319-112 YA-TTE

來自阿富汗,過去在內戰期間也曾持續飛航,目前已停止營運。不過該公司營運基地位在杜拜,而非阿富汗首都喀布爾,或許仍有復飛的可能,因此還是列出介紹。垂直尾翼上的圓圈與公司名稱第一個字母「S」圖案,與超人的符號有些相似。機身、垂直尾翼、機腹三處都寫有公司名稱,機身漆成淺藍色展現出獨特品味。雖然阿富汗是內陸國,但在沙漠山谷中仍有河川流經的美麗溪谷,使用藍色塗裝或許是要表達此意象吧。拍攝時間:2015年3月 杜拜

北部灣航空
Embraer190LR B-3125

營運基地位在中國南寧,垂直尾翼上寫的「GX」是該公司的國際航空運輸協會航空公司代碼。橘紅色與黃色這兩種企業識別色,來自於在中國擁有廣大版圖的海南航空集團。採相同塗裝的海南航空及香港航空,皆有飛往日本的航線。駕駛艙後方可以看到HNA(海南航空)集團的標誌。拍攝時間:2016年8月 中國鄭州

K-Mile Air
Boeing737-46Q(SF) HS-KMB

營運基地位在曼谷的貨運航空公司,規模雖小,但有飛往新加坡、印尼、越南等鄰近國家的定期航班。垂直尾翼上寫有公司名稱首字「K」,機身只寫了公司名稱,設計非常簡約。垂直尾翼與公司名稱皆使用藍色,是因為以藍色當作企業識別色的ASL比利時航空,持有該公司45%的股份。整體風格雖然不夠時髦,但或許很符合東南亞的氣質吧。拍攝時間:2018年4月 金邊

中國西部航空
Airbus A320-214 B-8286

海南航空集團旗下的廉價航空,營運基地位在重慶。除了駕駛艙後方有海南航空集團的HNA標誌外,塗裝皆為該公司原創。垂直尾翼上的「W」設計成看起來像鳥的造型。拍攝時間:2016年8月 重慶

中國聯合航空
Boeing737-89L B-1990

由人民解放軍設立的航空公司,並肩負作為政府專機的重任,民營化之後成為上海航空的子公司。塗裝比照上海航空的紅白兩色,垂直尾翼寫上了公司名稱縮寫「CUA」,頗有日本航空公司的風格。也有經營飛往日本的定期航班。拍攝時間:2019年6月 福岡

Atlas Global
Airbus A320-214　TC-ABL

來自土耳其伊斯坦堡，過去名為Atlas jet。在機身使用了土耳其國旗的紅與白，垂直尾翼上則有公司名稱第一個字母「A」的抽象化圖案。公司名稱雖然是小寫，但前段為粗體字，有呈現出對比。同樣來自土耳其的土耳其航空也是使用紅白兩色的機身塗裝，但呈現出的形象並不一樣。垂直尾翼上的「A」標誌，看起來也像是箭頭或一座山，相當有意思。2020年破產停止營運。拍攝時間：2017年6月　巴黎夏爾‧戴高樂機場

S7航空
Airbus A320-271N　VQ-BTO

過去名為西伯利亞航空，由於國際航空運輸協會航空公司代碼是「S7」，於是直接將此當作商標，更名為S7航空。機身彩繪近年進行過小改款，垂直尾翼上寫有醒目的「S7」，機身漆了深淺不一的黃綠色，並穿插白色細線，營造出鮮明的對比。如此顯眼的色彩在機場十分吸睛，讓人感受到俄羅斯嶄新的設計品味。拍攝時間：2019年12月　日本成田機場

絲綢之路／絲綢之路西部航空
Boeing747-83QF　VQ-BVB

絲綢之路航空集團的貨運航空公司，以亞塞拜然首都巴庫作為基地，經營飛往亞洲及歐洲的定期航班。垂直尾翼上的「SW」字樣可同時代表絲綢之路與絲綢之路西部航空的縮寫，機身上則畫出了帶有流動感的曲線。拍攝時間：2016年7月　香港

中國郵政航空
Boeing737-46J（SF）　B-2891

垂直尾翼上的圖案是日本郵便也有提供的EMS（國際快捷）服務的標誌。其他國家也有類似這樣由郵政公司經營貨運航空的例子，DHL德國郵政便是其中之一。到1990年代為止，美國郵政署（USPS）旗下也有波音727等專機。拍攝時間：2017年9月　日本關西機場

圓通航空
Boeing757-28S（PCF）　B-2812

於2018年開始起降日本成田機場的貨運航空公司，近來多是波音737。垂直尾翼上寫有公司名稱「YTO」，但圖案看起來像OK，也像是一個人。由於垂直尾翼漆成紫色，遠看可能會誤以為是FedEx的飛機。使用橘色作為互補色也讓人覺得似乎有FedEx的影子在。拍攝時間：2019年4月　日本成田機場

網址&
QR Code

在機身上為自家網站做宣傳

　　不知道是因為覺得將網址放上機身彩繪是最佳選擇,或是削減成本使得廣告經費不足,於是將網址寫在機身……。

到前幾年為止,用醒目大字體寫上網址幾乎成了廉航共通的塗裝樣式。不過近年來或許是因為公司知名度已經打開,發現其實沒有人是看機身上的網址來訂票,這股潮流走向了終結。但同時也開始有航空公司將QR Code放上機身,象徵了智慧型手機時代的來臨。

近年來開設茨城等多條日本航線的春秋航空,過去機身上的網址是斜體手寫風字體的「China-sss.com」,後來改成了「Ch.com」。圖中看到的機身左側是網址在前,公司名稱在後。機身右側則前後相反。垂直尾翼上的標誌是Spring(春天)的「S」抽象化的圖案,也是經營旅行社的春秋集團標誌。日本春秋航空的垂直尾翼上也是這個標誌,但機身並未寫上網址,擁有自己專門的塗裝。拍攝時間:2019年4月 茨城

春秋航空
Airbus A320-251N　B-307N

亞速群島航空
Airbus A321-253N　CS-TSG

來自葡萄牙的亞速群島,過去的名稱為SATA International,但因知名度不高,所以更名為亞速群島航空。該公司在近年來引進的空巴A321neo機身前段,放上了大大的QR Code,用手機掃描的話可以看到飛機的宣傳影片。但話說回來,起降時應該會追不上飛機移動的速度,大概只能在飛機靜止時掃描。拍攝時間:2018年7月 里斯本

來自保加利亞,是2018年開始營運的包機航空公司,也常提供飛機與機組員一同出租的服務。機身寫有公司網址,垂直尾翼上的圖案看起來像是抽象化的鳥。公司官方網頁中介紹的飛機,將機身漆成了藍與黃這兩種企業識別色。2021年停止營運。拍攝時間:2019年1月 米蘭

Tayaranjet
Boeing737-330 LZ-TYR

Atlas Blue
Airbus A321-211　CN-RNY

摩洛哥皇家航空旗下的廉價航空,塗裝無比簡潔,僅在全白機身上寫下網址。也許是認為要加上母公司名稱才會顯得有可信度,但這樣反而同時有兩個公司頭銜,十分有意思。近來Atlas Blue的知名度似乎有所提升,因此也有某些飛機僅寫上Atlas Blue的公司名稱。該公司營運基地位在觀光勝地馬拉喀什,主要經營飛往法國的定期及包機航班。拍攝時間:2007年7月 土魯斯

飛馬航空
Boeing737-82R　TC-CPJ

土耳其的廉價航空，機身上寫有網址「flypgs.com」，「pgs」是飛馬的縮寫。由於擔心只有網址無法讓人知道公司名稱，於是在垂直尾翼加上了PEGASUS的字樣，雖然字體算是有特色，但並不是標誌。過去的舊塗裝在垂直尾翼上畫有飛馬，但現在只有在翼尖小翼上看得到。就像日本航空的鶴丸及ANA的達文西標誌一樣，航空公司的標誌雖然是展現設計理念的重要元素，但網址比標誌更為顯眼的現象，也讓人感受到了時代潮流的變化。拍攝時間：2017年6月　蘇黎世

Danish Air Transport
ATR72-202　OY-LHB

這家塗裝看有來有如玩具般的Danish Air Transport，是來自丹麥的小型航空公司。主翼下方的機身上寫有網址，公司名稱則以小字寫在機身後段，想藉由網址打響名號的態度，讓人覺得作風豪爽俐落。拍攝時間：2015年4月　哥本哈根

ULS Airlines Cargo
Airbus A310-308F　TC-SGM

土耳其的貨運航空公司，過去的標誌看起來像是一個人，但在小改款後，看起來像鳥也像是箭頭，讓人難以判斷。寫在公司名稱後方的網址看起來像一道細線般，是相當有意思的設計。拍攝時間：2017年6月　蘇黎世

網路普及前，航空公司會在機身寫上電話號碼

Boeing747-446D　JA8904
拍攝時間：1996年1月　日本羽田機場

隨著1995年發售的Windows95日益普及，網際網路不再遙不可及，各大企業紛紛在1990年代後期架設了網頁。航空公司的網頁除了介紹航班資訊及各種服務外，也率先引進了可以在網頁上訂票、付款的電子商務，逐步建立起現今的基礎。如今，在網站上訂票、開票已經是稀鬆平常的事，也可以在網路上報到。低成本、低票價的廉價航空之所以能迅速普及，也是因為網路已然成為基礎建設。這樣看來，將網址寫在飛機機身上可以說是極為理性的判斷。

在網頁訂票尚未普及的1996年，日本航空於機身寫下大大的免付費訂票電話的做法，在當時引起了熱議。日本航空的國內線是由波音747-400、麥克唐納-道格拉斯DC-10負責飛航，機身上醒目的電話號碼等於浪費了原本賞心悅目的塗裝，並未得到好評。

但現在強調訂票網址的機身彩繪，其實可以說是日本航空將免付費電話放上機身的現代版本。不過日本航空倒是不曾將網址放到機身上。

McDonnell Douglas DC-10-40　JA8540
拍攝時間：1996年1月　日本羽田機場

重大運動賽事&活動
用特殊版機身彩繪炒熱氣氛

　　ANA在1993年推出的「Marine Jumbo」特殊塗裝飛機震撼了全球航空界。不但在日本掀起特殊塗裝熱潮，而且這股熱潮還迅速蔓延到了世界各地。起初特殊塗裝僅限於航空聯盟的統一塗裝或是主題樂園人氣角色等，當能夠在機身進行複雜彩繪的轉印貼紙技術發展成熟後，開始出現為每年世界各地的重大運動賽事或世界博覽會等活動進行宣傳的臨時性特殊塗裝。本單元將介紹出現過的運動賽事特殊塗裝飛機。

土耳其航空

Boeing777-3F2ER　TC-JJI

土耳其航空曾於2010年起與西班牙職業球隊巴塞隆納進行合作，將球員照片放上機身，作為官方加油機。這架特殊塗裝飛機必須從斜後方拍攝才有辦法拍到所有球員，由於相當不好拍，讓我留下了深刻印象。拍攝時間：2011年6月　日本成田機場

【足球】

足球是全世界最受歡迎的運動，世界盃舉辦期間總會出現各式各樣的特殊塗裝飛機，由於篇幅關係無法一一列舉，在此僅挑出幾款做介紹。

阿提哈德航空

Airbus A330-243　A6-EYE

阿提哈德航空是英格蘭職業球隊曼城的球衣贊助商，並在2011年7月取得了曼徹斯特市球場的冠名權，為此推出特別塗裝飛機作為紀念。仔細觀察機身的藍色塗裝可以看出足球的圖案。拍攝時間：2014年2月　日本成田機場

澳洲航空

Boeing747-438ER　VH-OEJ

這款特殊塗裝是為了大家暱稱為Socceroos的澳洲足球國家隊加油所推出。機身後段除了畫有足球，連球門網也畫了出來，表現得十分細膩。而且垂直尾翼的袋鼠脖子上還掛了一雙足球鞋，逗趣極了。拍攝時間：2016年2月雪梨

漢莎航空

天馬航空

Boeing737-8AL　JA737X

營運基地位在日本神戶的天馬航空，特地為同樣來自神戶的職業足球隊神戶勝利船推出特別塗裝，於2019年5月～2020年12月在天空中替該隊伍加油。客艙內則換上了特製頭枕套，並播放特別版機內廣播，空服員也身穿神戶勝利船的球衣等，細節處也十分用心。拍攝時間：2019年6月　福岡

Boen747-8　D-ABYI

這架是德國足球國家隊在2014年巴西世界盃奪冠後，錦衣還鄉搭乘的飛機，機身上公司名稱的部分還改成了Fanhansa，展現出無比熱情。金色的字樣為「冠軍班機」之意，公司名稱旁還畫上了足球與德國國旗。拍攝時間：2016年2月　日本羽田機場

【棒球】

棒球是美國最受歡迎的職業運動之一，在日本也具有國民運動的地位，擁有廣大棒球人口。由於美國職棒大聯盟的球隊遍布全美及加拿大，各隊皆以專機移動。日本的職棒球隊雖然沒有專機，但天馬航空曾推出以球隊為主題的特別塗裝飛機為球隊打氣。

阿拉斯加航空

Airbus A321-253N　N924VA

阿拉斯加航空在2018年推出了舊金山巨人隊的特別塗裝飛機。當時阿拉斯加航空正與營運基地位在舊金山的維珍美國航空進行併購，此款特別塗裝使用的便是維珍美國航空旗下的飛機，因此出現了垂直尾翼為全白的奇特造型。拍攝時間：2018年7月　華盛頓

捷藍航空

Airbus A320-232　N605JB

捷藍航空在2012年推出了美國職棒大聯盟波士頓紅襪隊的特別塗裝飛機，垂直尾翼上所畫的正是紅襪隊的隊徽。拍攝時間：2015年6月　波士頓

Boeing737-86N JA73NU

這是2019年4月為日本職棒福岡軟銀鷹隊推出的TAKA GIRL JET，塗裝風格十分夢幻。不僅機身左右兩側的彩繪不同，客艙內也會播放福岡軟銀鷹的隊歌。另外還可上網購買特製鑰匙圈等。

拍攝時間：2019年4月　神戶

拍攝時間：2019年5月
日本羽田機場

Boeing737-8FH　JA73NR

這款塗裝的主題是日本職棒阪神虎隊，阪神虎的主場甲子園球場正好靠近天馬航空的營運基地神戶機場。天馬航空過去也曾推出阪神虎的特別塗裝飛機，這一款是2018年12月登場的第三代，機身左側畫有大大的老虎標誌。可惜由於合約到期，目前已經看不到了。拍攝時間：2019年5月　日本羽田機場

天馬航空

Boeing737-86N　JA73NX

天馬航空在2019年3月至2020年6月推出北海道日本火腿鬥士隊的彩繪機，機身左右兩側繪有不同圖案。機上的專用頭枕套、販售特製行李吊牌、空服員改穿火腿隊球衣等各種細節，都抓住了火腿隊球迷的心。

拍攝時間：2019年4月　茨城

拍攝時間：2019年8月　日本羽田機場

【F1一級方程式賽車】

日本現在雖然已無緣透過電視觀看F1轉播，但F1在歐洲等地仍是非常高人氣的運動賽事。也有航空公司成為官方贊助商，在賽道打出巨大的橫幅廣告，或是推出特別塗裝飛機等。阿提哈德航空與澳洲航空尤其大力支持F1賽事，還曾派出飛機飛過賽道上空進行宣傳。

Boeing787-9　A6-BLV
圖中的是2018年阿布達比大獎賽的特別塗裝飛機。靠近阿布達比機場的亞斯碼頭賽道為該年世界一級方程式錦標賽的最後一站，最終由梅賽德斯車隊贏得車隊冠軍，車手則是來自英國的路易斯·漢米爾頓。拍攝時間：2019年1月　日本成田機場

Airbus A320-232　A6-EIB
阿提哈德航空是2014年阿布達比大獎賽的賽事冠名贊助商，在垂直尾翼畫上的紅色F1賽車，讓人聯想到位在阿布達比的法拉利世界主題樂園。由於空中巴士A320航點的拍攝環境不佳，讓我在拍攝時吃了一番苦頭。拍攝時間：2015年3月　阿布達比

阿提哈德航空

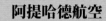

Airbus A340-642　A6-EHJ
2017年阿布達比大獎賽塗裝的空中巴士A340也曾飛來成田機場。垂直尾翼畫成方格旗圖案充滿賽車氣息，這款別具特色的塗裝在機場也非常顯眼。拍攝時間：2017年6月　倫敦希斯洛機場

Boeing747-48E　VH-OEB
澳洲航空為了宣傳2011年世界一級方程式錦標賽的開幕戰墨爾本大獎賽，特地推出這款特別塗裝飛機。機身上寫有「2011 Formula1 Qantas Australian Grand Prix」，強調該公司為這場賽事的贊助商。拍攝時間：2011年4月　洛杉磯

澳洲航空

【籃球】

NBA職業籃球不僅在美國擁有超高人氣，也因為有八村壘等日本選手效力NBA球隊，在日本也吸引越來越多球迷關注。而日本國內除了棒球與足球外，也發展出了在地深耕的男子職業籃球聯盟「B聯盟」，並逐步培養起人氣，目前也已經有特別塗裝飛機出現。

Airbus A320-232　N633JB
圖為自稱紐約在地航空公司的捷藍航空，於2017年為紐約當地的NBA球隊——布魯克林籃網隊推出的特別塗裝飛機。拍攝時間：2019年11月舊金山

捷藍航空

Boeing737-86N　JA73NY
天馬航空與日本職籃B聯盟建立了航點夥伴關係，並推出特別塗裝飛機，機身上有出自《灌籃高手》作者井上雄彥之手的圖案與B聯盟標誌，且機身左右兩側圖案不同。這款塗裝在2020年9月後已功成身退。拍攝時間：2019年　6月福岡

天馬航空

【橄欖球／美式足球】

2019年9月至11月在日本舉辦的世界盃橄欖球賽，使得「ONE TEAM」成為了該年度日本流行語大獎得主，歐洲與紐西蘭的航空公司也為此盛會推出了特別塗裝飛機。至於美式足球在美國則是家喻戶曉的運動，因此自然也有官方合作的航空公司推出特別塗裝飛機，炒熱賽事氣氛。

捷藍航空

Airbus A320-232　N746JB

捷藍航空在2009年成為了NFL（國家美式足球聯盟）紐約噴射機隊的官方合作航空公司，過去曾推出將原本塗裝的藍色改為綠色的紐約噴射機隊塗裝，2017年時進行改款，換上更加強調深綠色的新款特塗裝。拍攝時間：2020年1月　長灘

紐西蘭航空

Boeing777-319ER　ZK-OKQ

雖然乍看之下不像特別塗裝，但這其實是紐西蘭全黑隊的特別塗裝飛機。除了圖中這一架，還有波音787、空中巴士A320等其他架披上特別塗裝的飛機。塗裝以象徵全黑隊的黑色為底，並畫上白色的銀蕨圖案，讓人一眼就能辨識出來。拍攝時間：2019年5月　倫敦希斯洛機場

Airbus A320-214　EI-DEI

愛爾蘭航空是愛爾蘭橄欖球國家隊的官方指定航空公司，因此推出了橄欖球國家隊的特別塗裝飛機。垂直尾翼畫有橄欖球圖案，機身部分則可以看到選手的身影。拍攝時間：2019年5月　倫敦希斯洛機場

愛爾蘭航空

Boeing767-346　JA8986

日本航空是2019年世界盃輪椅橄欖球賽的官方合作夥伴，因此在2019年3月至12月推出特別塗裝飛機。圖中這架波音767在撕下特別塗裝的貼紙後也宣告退役。拍攝時間：2019年10月日本羽田機場

日本航空

多元塗裝
每架飛機皆有各具特色的專屬塗裝

企業識別（CI）一般都是藉由統一的顏色、字體、標誌等，向消費者表現企業形象及品牌。航空公司的企業識別也一樣，使用統一的機身彩繪在過去是不變的原則，但近年來出現了多元塗裝的新思維。例如，捷藍航空便推出數款同樣以藍色為基調，但圖案不同的垂直尾翼。而邊疆航空則是保留原本綠色與銀色企業識別色的同時，每架飛機的垂直尾翼塗裝皆不相同。日本的富士夢幻航空旗下客機也每架皆為不同塗裝，希望藉此提升企業形象。

但另一方面，多元塗裝會有無法維持固定企業形象的問題。英國航空在1990年代曾於垂直尾翼採用「四海一家」概念的多元塗裝，以表現世界各國的文化，但許多人反而認為這樣會搞不清楚是哪個國家的航空公司，最後撤下了這一系列的塗裝。不過，每架飛機都有不同顏色或垂直尾翼的話，在機場看飛機就不會看膩了，飛機迷應該會樂見多元塗裝的存在。

營運基地位在科羅拉多州丹佛，公司呼號為「A Whole Different Animal」。為了表現出各種動物，垂直尾翼上畫有美麗的動物圖案，說是全世界最能讓人滿足收集樂趣的航空公司也不為過。

邊疆航空自1994年開始營運時便在波音737的垂直尾翼畫上動物圖案，引發熱烈討論。過去左右兩邊畫的是不同動物，近年來則改成相同動物。無論是哪種做法，這樣的塗裝都是因為貼紙技術的進步才得以實現。

另外，該公司的飛機除了垂直尾翼外，機艙入口處也可以看到動物圖案，希望藉此讓旅客對搭乘的飛機產生好感。目前最新的機身塗裝使用的是綠色醒目大字體，舊塗裝和新塗裝的飛機可能會看到相同的動物，但圖案並不相同。不過遺憾的是，有些飛機已經出售或回租，因此無緣再見到飛機上的動物。

邊疆航空

Airbus A320-214　N201FR
加拿大育空地區的馴鹿
2018年7月　丹佛

Airbus A320-214　N202FR
科羅拉多州的大角羊
2018年7月　丹佛

Airbus A320-214　N207FR
野牛
2018年7月　丹佛

Airbus A320-214　N210FR
海龜
2017年1月　拉斯維加斯

Airbus A320-214　N220FR
鼬鯊
2015年5月　邁阿密

Airbus A320-214　N221FR
雨蛙
2017年1月　拉斯維加斯

Airbus A320-214　N211FR
灰熊
2018年5月　丹佛

Airbus A320-214　N214FR
郊狼
2015年5月　邁阿密

Airbus A320-214　N203FR
奔馳的野馬
2015年5月　邁阿密

Airbus A320-214　N208FR
美洲獅
2015年5月　邁阿密

Airbus A320-214　N228FR
北美紅雀
2018年5月　丹佛

Airbus A320-214　N229FR
狐狸
2018年5月　丹佛

Airbus A320-214　N223FR
紅鶴
2017年1月　拉斯維加斯

Airbus A320-214　N230FR
東藍鴝
2019年11月　舊金山

Airbus A320-214　N238FR
海牛
2017年1月　拉斯維加斯

Airbus A320-251N　N308FR
紅鶴
2020年1月　邁阿密

Airbus A320-251N　N317FR
麗色彩鵐
2018年5月　丹佛

Airbus A320-251N　N330FR
猞猁
2019年11月　舊金山

Airbus A320-214　N233FR
叉角羚
2017年5月　丹佛

Airbus A320-251N　N301FR
白尾鹿
2018年5月　丹佛

Airbus A320-251N　N303FR
土撥鼠
2019年2月　拉斯維加斯

Airbus A320-251N　N305FR
雪羊
2020年1月　邁阿密

Airbus A320-251N　N309FR
啄木鳥
2019年2月　鳳凰城

Airbus A320-251N　N311FR
海豚
2017年10月　拉斯維加斯

Airbus A320-251N　N313FR
野牛
2018年5月　丹佛

Airbus A320-251N　N318FR
蜂鳥
2019年2月　拉斯維加斯

Airbus A320-251N　N322FR
北極海鸚
2018年7月　華盛頓

Airbus A320-251N　N323FR
大角羊
2018年5月　丹佛

Airbus A320-251N　N324FR
天鵝
2018年5月　丹佛

Airbus A320-251N　N326FR
冠藍鴉
2018年5月　丹佛

Airbus A320-251N　N332FR
花栗鼠
2019年11月　舊金山

Airbus A320-251N　N334FR
大藍鷺
2020年1月　洛杉磯

Airbus A319-112　N949FR
白鼬
2018年5月　丹佛

Airbus A320-251N　N347FR
德州長角牛
2020年1月　邁阿密

Airbus A320-251N　N346FR
走鵑
2019年2月　鳳凰城

Airbus A320-251N　N339FR
白鼬
2019年11月　舊金山

Airbus A320-251N　N335FR
灰熊
2018年1月　拉斯維加斯

Airbus A320-251N　N338FR
豎琴海豹
2019年2月　拉斯維加斯

Airbus A320-251N　N344FR
三隻企鵝
2020年1月　邁阿密

Airbus A320-251N　N349FR
兔子
2020年1月　邁阿密

Airbus A320-251N　N351FR
負鼠
2020年1月　邁阿密

Airbus A320-251N　N362FR
黑足鼬
2020年1月　拉斯維加斯

Airbus A321-211　N705FR
花頭鵂鶹
2019年2月　鳳凰城

Airbus A321-211　N701FR
獵隼
2018年5月　丹佛

Airbus A321-211　N702FR
美洲獅
2018年5月　丹佛

Airbus A321-211　N709FR
老鷹
2018年5月　丹佛

Airbus A321-211　N713FR
貂熊
2018年5月　丹佛

Airbus A321-211　N714FR
熊
2018年5月　丹佛

Airbus A319-112　N939FR
企鵝
2018年5月　丹佛

Airbus A321-211　N715FR
郊狼
2018年5月　丹佛

Airbus A319-111　N923FR
浣熊
2018年5月　丹佛

Airbus A319-111　N922FR
赤狐
2018年7月　華盛頓

捷藍航空

　　捷藍航空的樞紐機場為紐約甘迺迪機場，自營運之初便在垂直尾翼做出各種以藍色為基調的變化，至今總共出現過10種塗裝（包括官方網站上已經看不到的款式，不含特別塗裝），並可在該公司官網上看到介紹。機身上的公司名稱早期是以小字寫在機身前段，目前改成了醒目大字體。另外，捷藍航空目前旗下的飛機超過250架，要拍到每一種版本的塗裝可說是無比困難。而且當飛機進行大修重新塗裝後，垂直尾翼可能會換上和原本不同的圖案，情況因此變得更複雜。

靈感來自於馬戲團小丑身上穿的菱格紋服裝。首次亮相為2000年，目前數量已較過去減少。2015年5月　紐約甘迺迪機場

Embraer190AR　N273JB
「Harlequin」

我動筆撰寫本書時，官網還沒有介紹這款垂直尾翼的名稱，但已經可以看到披上此塗裝的飛機投入載客服務。根據官網的最新介紹，這款塗裝名為「Balloons」。2020年1月　羅德岱堡

Airbus A321-231　N2027J

Embraer190AR　N292JB
「Bubbles」

2003年登場的塗裝，意思為「泡泡」。垂直尾翼以深藍色為底，並用2種藍色畫出等量的圓圈，表現出泡泡的感覺。2015年5月　紐約甘迺迪機場

Airbus A320-232　N652JB
「Dots」

2000年開始營運後就有的款式，垂直尾翼上畫有一個個方點，在捷藍航空的塗裝中屬於較樸素的款式。官網上目前已看不到這款塗裝的介紹。2015年5月　紐約甘迺迪機場

Airbus A320-232　N583JB
「Barcode」

如果不說的話，或許有人會以為這是領帶的花紋。這是捷藍航空第一次將橘色用在垂直尾翼上。首次亮相為2010年。2015年9月　拉斯維加斯

Airbus A320-232　N644JB
「Blueberries」

與其說是藍莓，看起來更像泡泡，不過根據官網的說明，這是在表現有益健康的藍莓零嘴。首次亮相為2009年。2015年1月　洛杉磯

Airbus A320-232　N779JB
「Mosaic」

這款塗裝的靈感來自於該公司的飛行常客獎勵計畫「TrueBlue Mosaic」，與該會員卡圖案的概念相同。首次亮相為2005年。2015年5月　波士頓

Airbus A320-232　N570JB
「Highrise」

以向紐約的高樓大廈致上讚美為意象，長方形圖案看起來也像是大廈的玻璃窗。2018年7月　波士頓

Airbus A321-231　N929JB
「Prism」

這是一款受到了立體主義影響，在空巴A321交機時採用的塗裝，因此多在A321上見到。2019年11月　洛杉磯

Airbus A320-232　N640JB
「Stripe」

這款是捷藍航空剛開始營運時推出的塗裝，垂直尾翼上以3種藍色畫出條紋，是款中規中矩的設計。2018年7月　華盛頓

Airbus A320-232 N524JB
「Tartan」

這是一款以蘇格蘭格紋為意象的塗裝，官方網站稱之為經得起時間考驗的設計，在機場跑道上毫不遜色。2018年7月　華盛頓

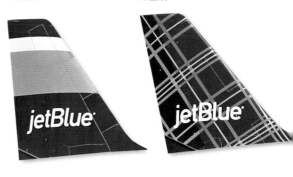

Airbus A320-232　N775JB
「Vets in Blue」

美國十分尊敬退伍軍人，還有名為退伍軍人紀念日的國定假日。這款塗裝則畫上了向退伍軍人表達敬意的黃絲帶。2015年5月　紐約甘迺迪機場

Embraer190AR　N304JB
「Blueprint」

這款塗裝讓來自巴西航空工業的飛機彷彿變成透視狀態，客艙座椅、座位上方行李置物櫃、貨艙、發動機、駕駛艙座椅、收納狀態的鼻輪都被畫了出來，十分特別。

Airbus A320-232　N709JB
「JetBlue Vacations」

這是為了幫捷藍的旅遊商品JetBlue Vacations做宣傳所設計的塗裝，垂直尾翼上畫出了椰子樹、森林、風車等象徵旅行目的地的圖案。2018年8月　波士頓

Airbus A320-232　N746JB
「Binary Code」

這款塗裝是為了宣傳衛星上網服務所推出，垂直尾翼畫上了二進制代碼（電腦的二進位），十分有意思。2015年9月　拉斯維加斯

挪威穿梭航空

挪威穿梭航空已從原本的廉價航空一步步發展為北歐代表性的航空公司。除了以波音737-800飛航歐洲的定期、包機航班外，2014年又成立了挪威長途航空，以波音787提供北美航線的載客服務。另外還在英國及阿根廷設立子公司，進一步擴大版圖。

挪威穿梭航空的企業識別色是挪威國旗的紅色及深藍色細線，用筆直線條做出區隔，將機頭漆成紅色的設計展現了獨特品味。自創業之初以來，該公司便在垂直尾翼貼上挪威及北歐的運動、藝術、建築、科學、音樂、文化等領域的偉人肖像，目前還可以看到英國的英雄，官網上並說明了每一位人物的成就及貢獻。這裡介紹的只是其中的一小部分，實際上還有更多偉人隨著挪威穿梭航空的飛機一同翱翔於天際。

Boeing737-86N EI-FHG

布拉赫（Tycho Brahe,1546-1601），丹麥天文學家。2015年4月 倫敦蓋威克機場

Boeing737-8JP EI-FHL

也有垂直尾翼還是一片空白的飛機，令人好奇今後會放上誰的肖像。2016年4月 赫爾辛基

Boeing737-8FZ EI-FHF	Boeing737-8FZ EI-FHH	Boeing737-8JP EI-FHN	Boeing737-8JP LN-NGY	Boeing787-8 LN-LND*	Boeing787-9 G-CKOG*
葛利格（Edvard Grieg, 1843-1907），挪威作曲家。2015年6月 倫敦蓋威克機場	陶布（Evert Taube, 1890-1976），瑞典詩人。2015年6月 倫敦蓋威克機場	拉松（Carl Larsson, 1853-1919），瑞典畫家。2016年4月 赫爾辛基	溫塞特（Sigrid Undset, 1882-1949），挪威小說家。2015年6月 馬約卡島（西班牙）	威茲（Grete Waitz, 1953-2011），挪威馬拉松選手。2017年6月華盛頓	路西亞（Paco de Lucía, 1947-2014），西班牙吉他演奏家。2019年11月洛杉磯

Boeing737-8Q8 EI-FHE	Boeing737-8JP EI-FHI	Boeing737-8JP EI-FHT	Boeing737-8JP EI-FHU	Boeing737-8JP EI-FHX	Boeing737-8JP EI-FJD
赫尼（Sonja Henie, 1912-1969），來自挪威奧斯陸的花式滑冰選手，後轉為女星。2016年4月 赫爾辛基	尼爾森（Carl Nielsen, 1865-1931），丹麥作曲家。2015年6月 倫敦蓋威克機場	斯克倫（Amalie Skram, 1846-1905），挪威作家。2019年5月 倫敦蓋威克機場	佐恩（Anders Zorn, 1860-1920），瑞典畫家。2016年4月 赫爾辛基	文傑（Aasmund Olavsson Vinje,1818-1870），挪威作家、記者。2019年5月 倫敦蓋威克機場	塞凡提斯（Miguel de Cervantes,1547-1616），西班牙作家，《唐吉軻德》作者。2019年5月 倫敦蓋威克機場

Boeing737-8JP LN-DYU	Boeing737-8JP LN-DYV	Boeing737-8JP LN-DYZ	Boeing737-8JP LN-NGA	Boeing737-8JP LN-NGB	Boeing737-8JP LN-NGC
烏松（Jorn Utzon, 1918-2008），丹麥建築家。2015年5月 馬約卡島（西班牙）	貝斯科（Elsa Beskow, 1874-1953），瑞典作家。2015年5月 馬約卡島（西班牙）	埃瓦爾森（ArilEdvardsen, 1938-2008），挪威傳教士。2015年4月 馬約卡島（西班牙）	卡爾森（Ludvig Karlsen, 1935-2004），五旬節派傳教士。2016年4月 赫爾辛基	特維特（Geirr Tveitt, 1908-1981），挪威作曲家、鋼琴家。2015年5月 馬約卡島（西班牙）	巴爾肯（Jens Glad Balchen,1926-2009），挪威工程師。2015年5月 馬約卡島（西班牙）

Boeing737-8JP EI-FHY
佛斯（Wenche Foss, 1917-2011），挪威女星。2019年5月 倫敦蓋威克機場

Boeing737-8JP EI-FHZ
比耶克（Andre Bjerke, 1918-1985），挪威作家。2019年5月 倫敦蓋威克機場

Boeing737-8JP LN-DYN
白列森（Karen Blixen, 1885-1962），丹麥作家。2015年4月 馬約卡島（西班牙）

Boeing737-8JP LN-NGD
卡普里諾（Ivo Caprino, 1920-2001），挪威電影導演。2015年4月 馬約卡島（西班牙）

Boeing737-8JP EI-FHW
阿貝爾（Niels Henrik Abel,1802-1829），挪威數學家。2019年5月倫敦蓋威克機場

Boeing787-8 EI-LNE＊
阿蒙森（Roald Amundsen,1872-1928），挪威探險家，為到達南極點的第一人。2015年4月 波士頓

Boeing787-9 G-CKWF＊
林白（Charles Lindbergh, 1902-1974），美國飛行家，1927年成功從紐約飛往巴黎。2019年5月 倫敦蓋威克機場

Boeing787-9 G-CKNY＊
史威夫特（Jonathan Swift,1667-1745），愛爾蘭作家。2018年7月 丹佛

Boeing787-9 G-CKWN＊
王爾德（Oscar Wilde, 1854-1900），愛爾蘭詩人。2019年5月 倫敦蓋威克機場

Boeing787-9 G-CKWU＊
黛萊達（Grazia Deledda, 1871-1936），義大利詩人。2019年5月 倫敦蓋威克機場

Boeing787-9 G-CKWP＊
馬克吐溫（Mark Twain, 1835-1910），美國作家、小說家。《湯姆歷險記》作者。2019年5月倫敦蓋威克機場

Boeing737-8JP LN-DYG
林德（Jenny Lind, 1820-1887），瑞典歌劇歌手。2019年5月 豐沙爾（葡萄牙）

Boeing787-9 EI-LNJ＊
布爾（Ole Bull,1810-1880），挪威小提琴家。2019年11月 洛杉磯

Boeing787-9 G-CKWC＊
伯恩斯（Robert Burns, 1759-1796），蘇格蘭詩人。2019年11月 舊金山

Boeing787-9 LN-LNO＊
達爾（Roald Dahl, 1916-1990），英國劇作家。2019年11月 舊金山

Boeing737-MAX8 LN-BKE
波利（Hans Borli, 1918-1989），挪威詩人。2018年12月 杜拜

Boeing737-8JP LN-DYW
埃格納（Thorbjorn Egner,1912-1990），挪威作家。2015年7月 巴黎-奧利機場

Boeing787-8 EI-LNH＊
安徒生（H.C.Andersen, 1805-1875），丹麥作家。《美人魚》、《醜小鴨》、《賣火柴的女孩》等作者。2015年5月 波士頓

Boeing737-8JP LN-LGG
桑斯特比（Gunnar Sonsteby,1918-2012），第二次世界大戰時抵抗德軍侵略的英雄。2016年4月 布拉格

Boeing737-8JP LN-NGH
佐恩（Anders Zorn, 1860-1920），瑞典畫家、雕刻家。2015年5月馬約卡島（西班牙）

Boeing737-8JP LN-NGN
斯維魯普（Georg Sverdrup,1770-1850），挪威語言學家。2015年5月 馬約卡島（西班牙）

Boeing737-8JP LN-NGT
雅各布森（Anton K.H. Jakobsen,1874-1963），奠定挪威現代基礎的政治人物。2015年5月 馬約卡島（西班牙）

Boeing737-8JP LN-NOZ
雅各布森（Gidsken Jakobsen,1908-1990），挪威早期飛行員、航空先驅。2015年6月 馬約卡島（西班牙）

Boeing787-9 G-CKWB＊
柯林斯（Arthur Collins, 1909-1987），美國無線電設備開發者。2019年5月倫敦蓋威克機場

Boeing737-8JP LN-DYJ

Boeing737-8JP LN-NGE 也有未放上肖像的聯合國兒童基金會特別塗裝。2015年4月 馬約卡島（西班牙）

布蘭德斯（Georg Brandes,1842-1927），丹麥文學家。2015年4月 馬約卡島（西班牙）

＊挪威長途航空 ＊英國挪威航空 ＊瑞典挪威航空

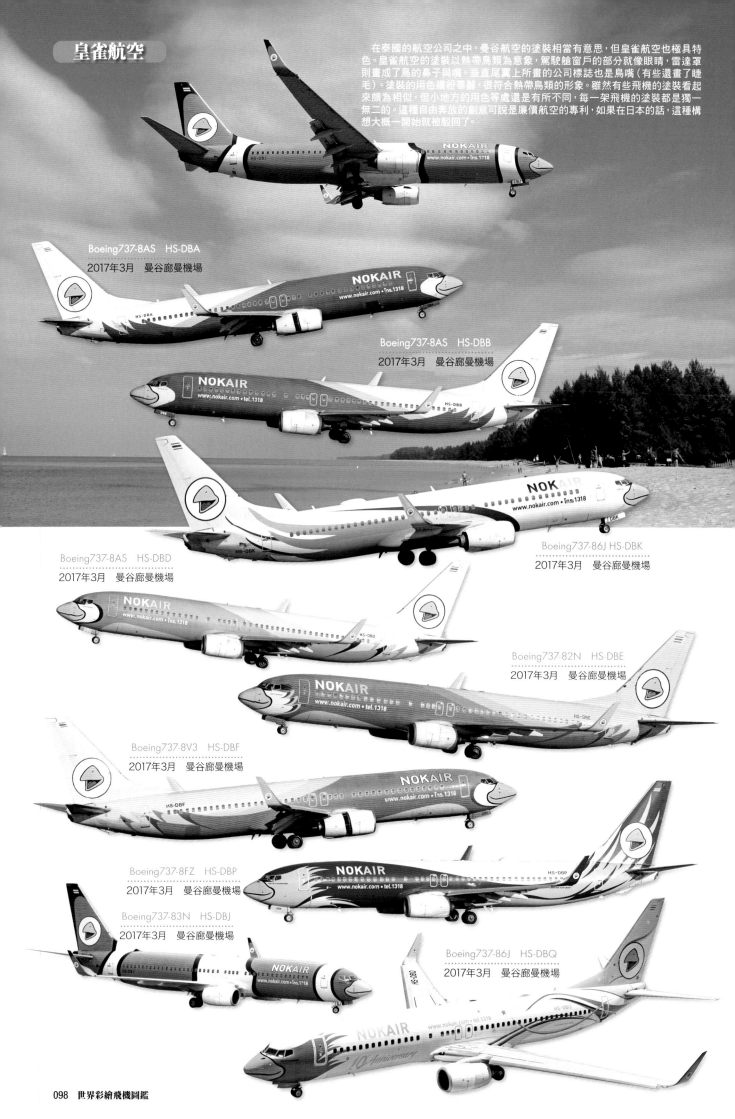

皇雀航空

在泰國的航空公司之中，曼谷航空的塗裝相當有意思，但皇雀航空也極具特色。皇雀航空的塗裝以熱帶鳥類為意象，駕駛艙窗戶的部分就像眼睛，雷達罩則畫成了鳥的鼻子與嘴。垂直尾翼上所畫的公司標誌也是鳥嘴（有些還畫了睫毛）。塗裝的用色繽紛華麗，很符合熱帶鳥類的形象。雖然有些飛機的塗裝看起來頗為相似，但小地方的用色等處還是有所不同，每一架飛機的塗裝都是獨一無二的。這種自由奔放的創意可說是廉價航空的專利，如果在日本的話，這種構想大概一開始就被駁回了。

Boeing737-8AS　HS-DBA
2017年3月　曼谷廊曼機場

Boeing737-8AS　HS-DBB
2017年3月　曼谷廊曼機場

Boeing737-86J HS-DBK
2017年3月　曼谷廊曼機場

Boeing737-8AS　HS-DBD
2017年3月　曼谷廊曼機場

Boeing737-82N　HS-DBE
2017年3月　曼谷廊曼機場

Boeing737-8V3　HS-DBF
2017年3月　曼谷廊曼機場

Boeing737-8FZ　HS-DBP
2017年3月　曼谷廊曼機場

Boeing737-83N　HS-DBJ
2017年3月　曼谷廊曼機場

Boeing737-86J　HS-DBQ
2017年3月　曼谷廊曼機場

Boeing737-88L　HS-DBT
2017年3月　曼谷廊曼機場

Boeing737-86N　HS-DBR
2017年3月　曼谷廊曼機場

Boeing737-86N　HS-DBS
2017年3月　普吉島

Boeing737-88L　HS-DBV
2017年3月　曼谷廊曼機場

Boeing737-88L　HS-DBW
2017年3月　曼谷廊曼機場

Boeing737-88L　HS-DBX
2017年3月　普吉島

Bombardier DHC-8-402Q　HS-DQA
2017年3月　曼谷廊曼機場

Boeing737-88L　HS-DBU
2017年3月　曼谷廊曼機場

Bombardier DHC-8-402Q　HS-DQB
2017年3月　曼谷廊曼機場

Bombardier DHC-8-402Q　HS-DQF
2017年3月　曼谷廊曼機場

Bombardier DHC-8-402Q　HS-DQD
2017年3月　曼谷廊曼機場

Bombardier DHC-8-402Q　HS-DQG
2017年3月　曼谷廊曼機場

Bombardier DHC-8-402Q　HS-DQH
2017年3月　曼谷廊曼機場

印度快運航空

印度快運航空為印度航空的子公司，垂直尾翼走的是多元塗裝路線，而其實印度航空從過去便以細膩繁複的機身彩繪著稱。雖然有許多令人聯想到印度的出色塗裝設計，對飛機迷具有極大吸引力，但印度的機場拍攝環境實在太差，很不容易拍到照片。另外，由於垂直尾翼左右兩側的圖案不同，必須兩邊都要拍到，相當累人。而且官方網站上也沒有這些圖案的說明，難以得知畫中的地點、人物為何，但或許這正是印度的特色。已退役飛機的塗裝還會出現在其他新飛機上，所以追蹤起來更加複雜。

Boeing737-8HJ　VT-AXN
左側
位於齋浦爾的風之宮。
2014年2月　杜拜

Boeing737-8HJ　VT-AXN
右側
位於阿加爾塔拉的著名建築。
2013年10月　新加坡

Boeing737-8HJ　VT-AXN
阿薩姆地方的碧湖舞。
2018年12月　杜拜

Boeing737-8HJ　VT-AXJ
蒙兀兒帝國時期的德里紅堡。
2014年2月　杜拜

Boeing737-8HG　VT-AXT
印度國鳥——藍孔雀。
2018年12月　杜拜

Boeing737-8HG　VT-AXR
喀拉拉邦的傳統蛇船。
2015年3月　杜拜

Boeing737-8HG　VT-AXZ
喀什米爾地方的拉什谷。
2018年11月　新加坡

左側
Boeing737-8HG　VT-AXQ
德里的叫拜樓。
2018年12月　杜拜

右側
Boeing737-8HG　VT-AXQ
位在新德里的簡塔·曼塔天文台。
2018年12月　杜拜

Boeing737-8HG VT-AXX
古加拉特邦的海灘。
2018年12月 杜拜

右側 Boeing737-8HG VT-AXI
以中世紀音樂為主題的
印度傳統繪畫。
2015年3月 杜拜

Boeing737-8HG VT-AX **左側**
印度的傳統宮廷繪畫。
2014年2月 杜拜

Boeing737-86N VT-GHD
印度南部使用的燈台。
2018年12月 杜拜

Boeing737-86N VT-GHF-
科納克太陽神廟。
2018年12月 杜拜

Boeing737-8HG VT-AYD
印度的少數民族。
2018年12月 杜拜

Boeing737-86N VT-GHC-
印度樂器西塔琴。
2018年12月 杜拜

Boeing737-8Q8 VT-AXG
印度新娘身上的異國風首飾。
2014年2月 杜拜

右側 Boeing737-8HJ VT-AXP
彈奏印度民族樂器的女性。
2014年10月 杜拜

Boeing737-8Q8 VT-AYA
世界遺產阿旃陀石窟。
2018年12月 杜拜

Boeing737-8HJ VT-AXP **左側**
凝視天鵝的女性。
2014年2月 杜拜

Boeing737-86N VT-GHK
印度的香料。
2018年12月 杜拜

曼谷航空

曼谷航空以提供高品質服務著稱,並自居為亞洲的精品航空,2005~2009年也曾經營廣島與福岡的定期航班。機身彩繪的風格令人聯想到熱帶渡假勝地,雖然垂直尾翼上畫的都是該公司的標誌,但機身部分有近10種塗裝。另外,曼谷航空旗下的飛機在機頭部分寫有該架飛機飛航的目的地,當作飛機的專屬名稱,是另一項可以留意的重點。

ATR72-500　HS-PGF
飛機名稱為華欣(泰國著名海灘),機身彩繪畫的則是泰國觀光勝地普吉島的海及遊艇。另有一架相同塗裝的飛機名為「普吉」。2013年1月　曼谷蘇凡納布機場

ATR72-500　HS-PGK
飛機名稱叫作吳哥,因此機身彩繪畫的正是柬埔寨的吳哥窟及佛像。2013年1月　曼谷蘇凡納布機場

Airbus A320-232　HS-PGW
飛機名稱蘇美是泰國的觀光勝地,機身上畫出了遮陽傘及潛水等蘇美島最吸引人之處。2018年11月　曼谷蘇凡納布機場

Airbus A319-132　HS-PGX
雖然廣島航線已經停飛,但飛機名稱仍叫「廣島」。彩虹般的線條十分美麗,也有其他飛機使用相同塗裝。2013年1月　曼谷蘇凡納布機場

Airbus A320-232　HS-PPH
有時也會看到正要換新塗裝,機身仍為全白狀態的飛機。這架飛機在拍攝隔年披上了United for Wildlife的塗裝。2017年3月　普吉島

ATR72-500　HS-PGM
以入選歐洲旅遊網站十大熱門景點的龜島為意象。熱帶魚、椰子樹等圖案充滿熱帶風情。2013年1月　曼谷蘇凡納布機場

Airbus A320-232　HS-PPH
許多航空公司都對反盜獵組織United for Wildlife給予支持,曼谷航空就是其中之一,並推出了這款畫有各種動物的塗裝為United for Wildlife宣傳。2018年11月　曼谷蘇凡納布機場

Airbus A319-131　HS-PPF
雖然並沒有發表為正式塗裝,但這款使用了企業識別色的設計,很有官方正式塗裝的感覺,而且還是沒有寫上飛機專屬名稱的標準版本。另外還有數架飛機也是此塗裝。2016年12月　蘇美島

Airbus A320-232　HS-PGV
這架飛機是以靠近普吉島的觀光勝地喀比命名,熱帶魚、泡泡等圖案同樣充滿了海洋的意象。2017年3月　曼谷蘇凡納布機場

Boeing777-39MER　F-OLRD
垂直尾翼的圖案為留尼旺島的火山。
拍攝時間：2017年5月
巴黎夏爾・戴高樂機場

Boeing777-39MER　F-OLRE
留尼旺島的朗之萬瀑布。
拍攝時間：2017年5月　巴黎夏爾・戴高樂機場

Boeing777-39MER　F-OREU
留尼旺島聖勒市區附近的間歇泉。
拍攝時間：2017年5月　巴黎夏爾・戴高樂機場

南方航空

南方航空來自法國位於印度洋上，馬達加斯加島東方的海外省留尼旺，目前的塗裝使用醒目大字體，垂直尾翼則放上留尼旺島的獨特景觀。但因南方航空的規模不大，主要又是飛往拍攝不易的巴黎戴高樂機場（拍攝必須提出申請）等地，所以很不容易遇到。由於尾翼左右兩側的圖案不同，因此最好想辦法兩邊都看到。

濟州航空

Boeing737-8AS　HL8049
2016年5月　日本關西機場

Boeing737-8AS　HL8088
2017年5月　日本成田機場

過去的塗裝和現在一樣使用橘色作為企業識別色，不過垂直尾翼上的標誌為看起來像是笑臉的濟州島石爺（濟州島特有的石像）。在進行小改款後，目前已發現垂直尾翼有3款不同塗裝，每一款都是橘色搭配天藍色圓圈或波浪狀線條等。仔細看還可以發現，其實有深淺兩種橘色，在設計上十分用心。

Boeing737-8AS　HL8050
2017年8月　日本關西機場

用特別版塗裝送上祝福

周年紀念&特殊里程碑

　　公司行號在創立XX周年或雜誌創刊XX號時，常會有特別的紀念活動或儀式。走過漫長歲月的航空公司也一樣，在創立XX周年等重大里程碑時，會讓自家飛機換上特別版塗裝以示慶祝。除此之外，飛機製造商、航空公司還會在生產第X架飛機或購買第X架等遇到具有特別意義的數字時，在飛機上特別宣傳。這對於一般旅客或許沒有太大意義，但看過本單元介紹的近年周年紀念&特殊里程碑塗裝後，當下次遇到時，就能明白這些塗裝的由來了。

ANA

Boeing767-381　JA8674

ANA在2013年為了紀念創立60周年，推出「ゆめJet～You & Me」特別塗裝飛機。ANA當時曾向全世界徵稿，最後由住在東京的畫家間弓莉繪脫穎而出。這款塗裝與ANA原本的風格截然不同，僅在日本國內線飛機看得到。拍攝時間：2015年12月　日本羽田機場

Boeing737-81D　JA73NQ
拍攝時間：2019年5月
日本羽田機場

天馬航空

天馬航空在2018年迎來了營運20周年，推出機身左右兩側不同塗裝的「星空JET」作為紀念。20周年慶祝活動時，我也以公司創始成員的身分獲邀致詞。拍攝時間：2018年11月日本中部國際機場

Boeing737-81D　JA73NQ
拍攝時間：2018年11月
日本中部國際機場

法國航空

Airbus A380-861　F-HPJI

1933年時由法國國內數家航空公司整併而成的法國航空，在2013年迎來公司成立80周年。當時一部分飛機在機身後段貼上了寫有「80ANSYEARS」字樣的紀念標誌。拍攝時間：2014年1月　日本成田機場

荷蘭皇家航空

Boeing787-9　PH-BHC

荷蘭皇家航空是全世界歷史最悠久的航空　　公司，2019年正好是該公司創立100周年，因此當時在機身寫上了「100」，並推出100周年特別塗裝飛機。除了荷蘭，在日本也有舉辦慶祝儀式，讓人對其悠久歷史印象更為深刻。拍攝時間：2019年9月　日本成田機場

Boeing777-306ER　PH-BVA

2016年時為慶祝荷蘭國王生日，荷蘭皇家航空推出了象徵荷蘭的橘色塗裝。這對長年使用藍色作為企業識別色的荷蘭皇家航空而言，是非常罕見的例子，披上這款橘色塗裝的飛機還被暱稱為「Orange Pride」。截至2020年3月時仍可看到其身影。拍攝時間：2018年5月日本成田機場

Airbus A330-342　C-GCTS

1986年成立的加拿大越洋航空在2016年適逢30周年，藉此機會換上了新的塗裝，其中並有數架飛機的垂直尾翼寫有「30周年」字樣作為紀念。拍攝時間：2017年6月　巴黎夏爾·戴高樂機場

加拿大越洋航空

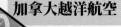

Anniversary paint

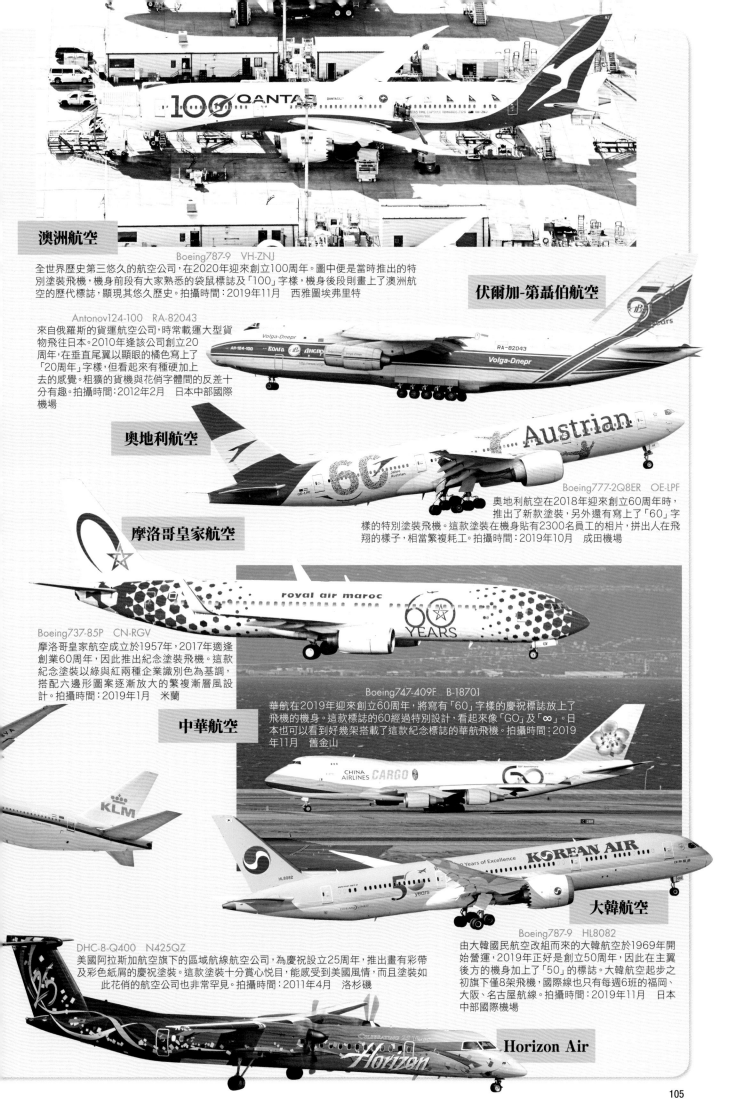

澳洲航空

Boeing787-9　VH-ZNJ

全世界歷史第三悠久的航空公司，在2020年迎來創立100周年。圖中便是當時推出的特別塗裝飛機，機身前段有大家熟悉的袋鼠標誌及「100」字樣，機身後段則畫上了澳洲航空的歷代標誌，顯現其悠久歷史。拍攝時間：2019年11月　西雅圖埃弗里特

伏爾加-第聶伯航空

Antonov124-100　RA-82043

來自俄羅斯的貨運航空公司，時常載運大型貨物飛往日本。2010年逢該公司創立20周年，在垂直尾翼以顯眼的橘色寫上了「20周年」字樣，但看起來有種加工去的感覺。粗獷的貨機與花俏字體間的反差十分有趣。拍攝時間：2012年2月　日本中部國際機場

奧地利航空

Boeing777-2Q8ER　OE-LPF

奧地利航空在2018年迎來創立60周年時，推出了新款塗裝，另外還有寫上了「60」字樣的特別塗裝飛機。這款塗裝在機身貼有2300名員工的相片，拼出人在飛翔的樣子，相當繁複耗工。拍攝時間：2019年10月　成田機場

摩洛哥皇家航空

Boeing737-85P　CN-RGV

摩洛哥皇家航空成立於1957年，2017年適逢創業60周年，因此推出紀念塗裝飛機。這款紀念塗裝以綠與紅兩種企業識別色為基調，搭配六邊形圖案逐漸放大的繁複漸層風設計。拍攝時間：2019年1月　米蘭

中華航空

Boeing747-409F　B-18701

華航在2019年迎來創立60周年，將寫有「60」字樣的慶祝標誌放上了飛機的機身。這款標誌的60經過特別設計，看起來像「GO」及「∞」。日本也可以看到好幾架搭載了這款紀念標誌的華航飛機。拍攝時間：2019年11月　舊金山

大韓航空

Boeing787-9　HL8082

由大韓國民航空改組而來的大韓航空於1969年開始營運，2019年正好是創立50周年，因此在主翼後方的機身加上了「50」的標誌。大韓航空起步之初旗下僅有8架飛機，國際線也只有每週6班的福岡、大阪、名古屋航線。拍攝時間：2019年11月　日本中部國際機場

Horizon Air

DHC-8-Q400　N425QZ

美國阿拉斯加航空旗下的區域航線航空公司，為慶祝設立25周年，推出畫有彩帶及彩色紙屑的慶祝塗裝。這款塗裝十分賞心悅目，能感受到美國風情，而且塗裝如此花俏的航空公司也非常罕見。拍攝時間：2011年4月　洛杉磯

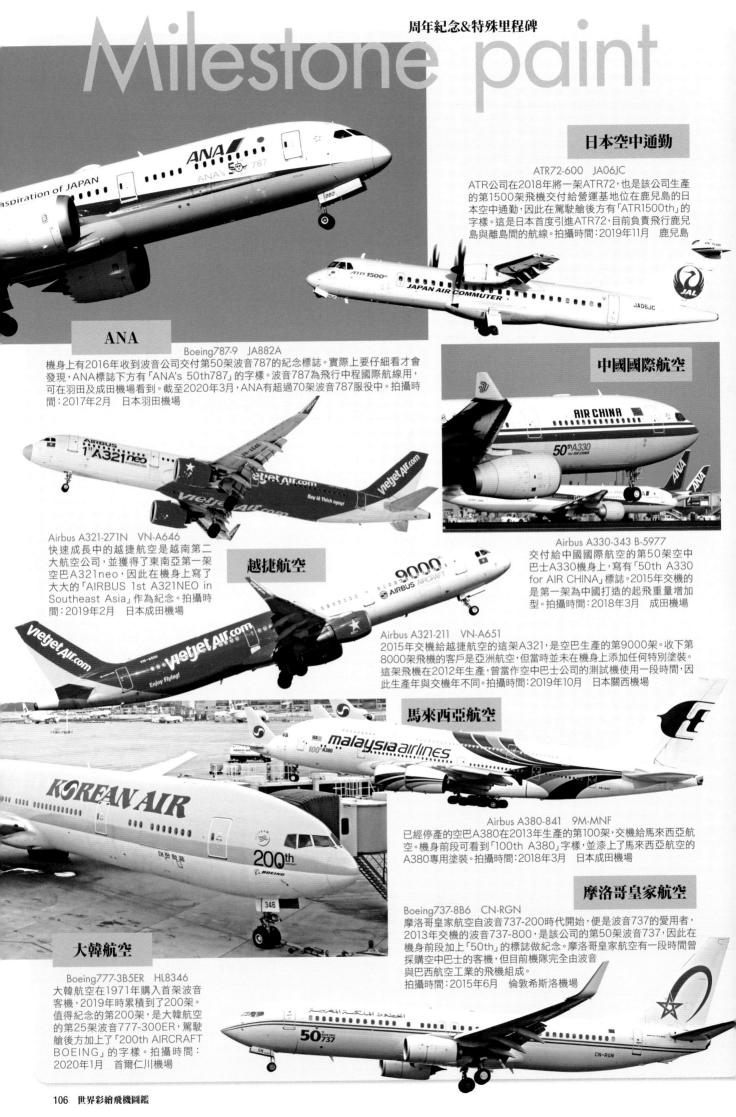

Milestone paint

周年紀念&特殊里程碑

日本空中通勤

ATR72-600　JA06JC

ATR公司在2018年將一架ATR72,也是該公司生產的第1500架飛機交付給營運基地位在鹿兒島的日本空中通勤,因此在駕駛艙後方有「ATR1500th」的字樣。這是日本首度引進ATR72,目前負責飛行鹿兒島與離島間的航線。拍攝時間:2019年11月　鹿兒島

ANA

Boeing787-9　JA882A

機身上有2016年收到波音公司交付第50架波音787的紀念標誌。實際上要仔細看才會發現,ANA標誌下方有「ANA's 50th787」的字樣。波音787為飛行中程國際航線用,可在羽田及成田機場看到。截至2020年3月,ANA有超過70架波音787服役中。拍攝時間:2017年2月　日本羽田機場

中國國際航空

Airbus A330-343 B-5977

交付給中國國際航空的第50架空中巴士A330機身上,寫有「50th A330 for AIR CHINA」標誌。2015年交機的是第一架為中國打造的起飛重量增加型。拍攝時間:2018年3月　成田機場

越捷航空

Airbus A321-271N　VN-A646

快速成長中的越捷航空是越南第二大航空公司,並獲得了東南亞第一架空巴A321neo,因此在機身上寫了大大的「AIRBUS 1st A321NEO in Southeast Asia」作為紀念。拍攝時間:2019年2月　日本成田機場

Airbus A321-211　VN-A651

2015年交機給越捷航空的這架A321,是空巴生產的第9000架。收下第8000架飛機的客戶是亞洲航空,但當時並未在機身上添加任何特別塗裝。這架飛機在2012年生產,曾當作空中巴士公司的測試機使用一段時間,因此生產年與交機年不同。拍攝時間:2019年10月　日本關西機場

馬來西亞航空

Airbus A380-841　9M-MNF

已經停產的空巴A380在2013年生產的第100架,交機給馬來西亞航空。機身前段可看到「100th A380」字樣,並漆上了馬來西亞航空的A380專用塗裝。拍攝時間:2018年3月　日本成田機場

摩洛哥皇家航空

Boeing737-8B6　CN-RGN

摩洛哥皇家航空自波音737-200時代開始,便是波音737的愛用者,2013年交機的波音737-800,是該公司的第50架波音737,因此在機身前段加上「50th」的標誌做紀念。摩洛哥皇家航空有一段時間曾採購空中巴士的客機,但目前機隊完全由波音與巴西航空工業的飛機組成。拍攝時間:2015年6月　倫敦希斯洛機場

大韓航空

Boeing777-3B5ER　HL8346

大韓航空在1971年購入首架波音客機,2019年時累積到了200架。值得紀念的第200架,是大韓航空的第25架波音777-300ER,駕駛艙後方加上了「200th AIRCRAFT BOEING」的字樣。拍攝時間:2020年1月　首爾仁川機場

新加坡航空

Airbus A350-941　9V-SMF
空中巴士生產的第10000架飛機為A350，於2016年交機給新加坡航空，機身後段可看到紀念標誌。空中巴士生產的第6000架飛機，是在2010年交機的，代表該公司在短短6年時間內便生產了4000架飛機。空中巴士除了法國、德國外，目前在中國、美國也設有產線，已經發展為全球化的企業。拍攝時間：2016年12月　新加坡

亞洲航空

Airbus A320-251N　9M-NEO
亞洲航空的第一架空巴A320neo是以特別塗裝亮相，也特地使用了「NEO」作為機身編號。如果不是對飛機很了解的人，其實看不出來neo和過去的ceo機型有何不同，因此這款塗裝在機身寫上了大大的「neo」為新機型做宣傳。拍攝時間：2018年11月　吉隆坡

Airbus A320-216　9M-AQH
發展迅速的亞洲航空是來自馬來西亞的廉價航空，2012年交機的空巴A320是該公司的第100架A320，為此披上紀念塗裝。截至2020年3月，馬來西亞的亞洲航空服役中的A320有150架，若加上其他國家的子公司，總數超過了200架。拍攝時間：2014年12月　吉隆坡

阿聯酋航空

Airbus A380-842　A6-EUV
阿聯酋航空是空巴A380的大客戶，貢獻了A380近半數的訂單。阿聯酋航空的第100架A380在2017年交機，機身前段寫上了「100th A380」。至於機身彩繪則是紀念阿拉伯聯合大公國第一任總統扎耶德百歲冥誕的特別塗裝。拍攝時間：2018年12月　杜拜

Airbus A380-841　A6-EDH
阿聯酋航空的公司名稱前方寫有「空中巴士第6000架飛機」的字樣。這架飛機在2010年1月交機，由此可知，空中巴士公司自1970年成立以來，40年內生產了6000架飛機。拍攝時間：2010年2月　首爾仁川機場

易捷航空

Airbus A320-241　G-EZUI
易捷航空在2011年交機了該公司第200架空巴客機，自2003年引進首架空巴客機以來，是最快達到200架的航空公司。平均起來，等於每2週就接到空中巴士公司交付一架客機。拍攝時間：2017年6月　巴黎-奧利機場

捷藍航空

Airbus A321-231　N942JB
捷藍航空自開始營運以來便以空中巴士A320提供高品質的服務，2014年交機的A321是該公司的第200架空巴客機。雖然在機身加上了標語作為紀念，但僅使用小字放在機身後段，並不顯眼。拍攝時間：2018年7月　波士頓

日本的航空公司

令人耳目一新的機身彩繪
陸續登場

　　日本雖然只是面積不大的島國，但隨著二戰結束後經濟成長，民間的航空事業也迅速地蓬勃發展起來。目前除了兩大龍頭企業外，還有許多中小型航空公司、廉價航空、區域航空公司等往來於國內線與國際線。從大型客機到只有19席座位的小飛機，可以看到各式各樣的客機與貨機翱翔於天際，豐富多元的機身彩繪也令航空迷大飽眼福。你最喜歡哪一家航空公司的設計呢？

日本越洋航空
Boeing737-8Q3　JA01RK

前身是1967年沖繩仍由美國統治時，日本航空與沖繩當地企業等一同成立的南西航空。1978年波音737交機時採用了令人印象深刻的橘色塗裝，但在1990年代初期改成日本航空集團共通的樣式。目前的塗裝為第5代，垂直尾翼有集團共通的鶴丸標誌。機頭部分的「沖繩之翼」標誌使用了過往的橘色，強調該公司來自於沖繩。

日本航空集團

JAL-日本航空
Boeing787-8　JA834J

歷經破產重新振作的日本航空（JAL），在2011年以重新出發為契機發表了新塗裝。這款塗裝是融合了員工的意念自行設計的，垂直尾翼不再使用原本的太陽標誌，而是讓傳統的鶴丸標誌重新復活。機身則是由象牙色改為純白，並只加上公司名稱Logo，極為簡潔。這款塗裝剛亮相時引發了「除了鶴丸以外根本不算有設計」、「太素了」、「日本航空就是應該配鶴丸」等兩極的看法，但現在大家似乎已經習慣僅以全白機身搭配標誌這種簡潔明快的設計了。

琉球空中通勤
DHC-8-400Combi　JA85RC

琉球空中通勤是1985年時，南西航空與沖繩地方政府一同設立的區域航線航空公司。最初僅以白色搭配藍色線條，十分簡潔。1997年起引進的DHC-8換上了和田勉所設計的塗裝，除了藍色與黃色線條，還有象徵沖繩的風獅爺。2003年後引進的DHC-8-Q300改為日本航空集團的太陽圓弧塗裝，目前的主力機種DHC-8-Q400則比照日本航空，在垂直尾翼放上了鶴丸標誌。

北海道空中系統
SAAB340B　JA01HC

過去為日本佳速航空（JAS）的子公司，1998年時以3架垂直尾翼為彩虹塗裝的紳寶340B起步，選擇新千歲機場作為營運基地經營北海道的航線。後來因為日本航空合併了日本佳速航空，北海道空中系統便成為日本航空集團的一員，跟著換上太陽圓弧的塗裝。日本航空破產後，北海道空中系統退出集團獨立運作，發表了以綠色為主的新塗裝。不過後來又重回日本航空集團，換上鶴丸塗裝。

J-AIR最初在廣島西機場以捷流超級31經營區域航線，購入CRJ200ER後則改飛日本航空集團的二三線都市航點。2008年時引進了巴西航空工業的E170，並在日本航空破產後將營運基地由名古屋小牧轉移至伊丹機場，建立起目前連結日本各地的航線網絡。機身彩繪則經歷了上上代的日本航空塗裝、太陽圓弧塗裝，而後換上目前的鶴丸塗裝。巴西航空工業的客機機身以醒目大字體寫上了「J AIR」，與日本航空集團其他公司有明顯不同。

J-AIR
Embraer170　JA227J

日本空中通勤
ATR42-600　JA04JC

營運基地位在鹿兒島的日本空中通勤（JAC），為1983年時東亞國內航空與奄美群島的地方政府出資設立，最初是使用自家塗裝的多尼爾Do228飛行，後來換成了日本佳速航空集團紅&綠塗裝的YS-11。引進紳寶340B時則跟著換上日本佳速航空的彩虹塗裝，成為日本航空集團的一員後先是使用太陽圓弧塗裝，然後改為新的鶴丸塗裝。

全日空日本航空
Boeing767-381ER　JA620A

ANA 集團

前身是1990年設立，經營包機業務的World Air Network（WAC），但僅經營了5年便宣告停飛。後來在2001年將公司名稱改為全日空日本航空，受ANA委託營運首爾、檀香山等航線，重新復飛。與WAC時代相同，旗下的飛機包括波音767-300ER與767-300F，近年來則新增了與ANA共用的波音787，也因此共用的飛機尾部可看到「Air JAPAN」的標誌。另外也經營ANA的貨運航班。

在波音727-100登場的1960年代，機身側面的窗戶位置漆有藍色水平線條，上下各有一道紅色細線，垂直尾翼則並上了達文西標誌。後來換上被稱為「莫希干」的淺藍色塗裝，1969年引進波音737-200後，順勢改成了現在的版本。公司名稱一開始寫的是「全日空」，後來改為「ANA」，現在則是在ANA後再加上「Inspiration of JAPAN」的標語。

ANA—全日空
Boeing777-381ER　JA778A

全日空之翼航空
Bombardier DHC-8-Q400　JA859A

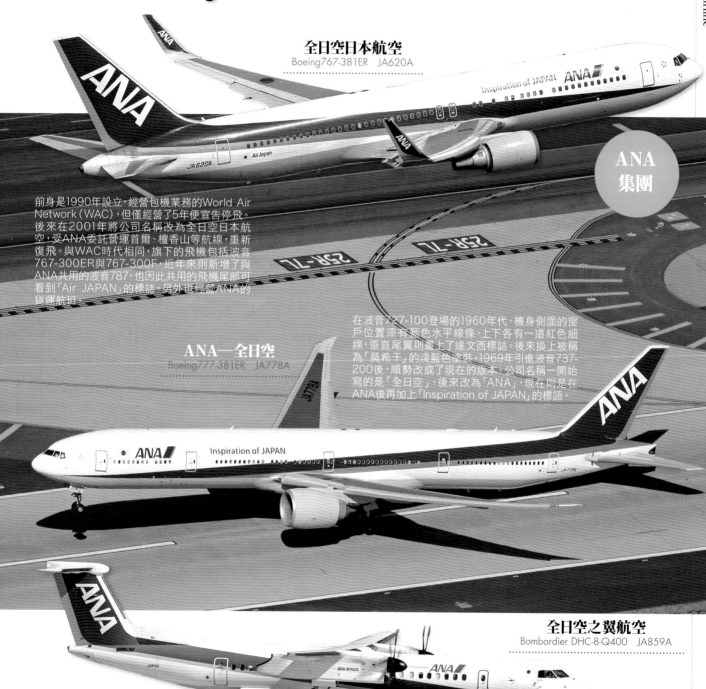

全日空之翼航空是中部航空、Air Next、日本航空網絡三家公司在2010年合併而成，目前主要以波音737-800、DHC-8-Q400飛航日本國內鄉下地方。機身彩繪採用與ANA集團共通的藍色，公司名稱寫的也是ANA。波音737NG雖然與ANA共用，但機身上完全沒有全日空之翼航空的名稱，至於Q400則在發動機部分寫有公司名稱「ANA WINGS」。

ANA
集團

ANA Cargo
Boeing777F　JA772F

屬ANA集團的貨運公司,由ANA與部分全日空日本航空的飛機運行。
波音767貨機為兩家公司共用,僅垂直尾翼的塗裝與客機相同。ANA Cargo過去曾有許多不同的合作夥伴,一路以來塗裝也都有些微變化。2014年4月成立的ANA Cargo主要負責貨運相關企劃、銷售、運作,以強化貨運事業,機身的公司名稱部分使用了有別於集團其他公司的字體。

獨立公司

日本貨物航空是日本唯一專門從事貨運業務的航空公司,全部使用波音747。由於日本貨物航空是ANA與日本郵船等海運界的龍頭企業出資設立,用了與ANA相同的藍色與淺藍色作為企業識別色。但目前已經與ANA結束合作,成為日本郵船的子公司。日本郵船的船隻一直以來都會在煙囪處漆上紅色,所以波音747-8F也加了紅色波浪狀線條,並將公司名稱部分改成醒目大字體。

日本貨物航空
Boeing747-8F　JA16KZ

天馬航空
Boeing737-8FZ　JA737R

第一代塗裝是由小關資朗所設計,垂直尾翼的五芒星象徵天鵝座。機身曾考慮採用波音的設計公司提出的粉紅與藍,或黃與藍線條的方案,但最後決定在機身投放廣告,首架飛機交機時,全白機身上漆有「?」。後來在引進波音737-800時,順勢採用了「SKY★」的新企業識別。翼尖小翼則漆有撲克牌的愛心、方塊、梅花及櫻花等圖案(有些飛機左右兩邊不同)。這似乎是出自保養檢修單位的巧思。

AIRDO
Boeing737-781　JA16AN

原本的名稱為北海道國際航空(AIR DO為暱稱),最初是機身側面漆上淺藍色與淺黃色線條的落伍設計,可說違背了機身彩繪的基本原則。也曾仿照F1賽車在機身貼上北海道企業的貼紙打廣告,或是畫上北海道的風景。還有一段時間曾在機身前段寫上「啊,雪的氣味,旭川」、「全世界夜景最美的地方,函館」等與目的地有關的標語。2012將公司名稱改為「AIR DO」的同時,機身彩繪也改成了使用醒目大字體,風格變得更為簡潔,符合現代潮流。2019年12月　日本羽田機場

空之子航空
Boeing737-81D　JA806X

前身是在宮崎新設立的亞洲天網航空，當時的機身彩繪充滿了熱帶南國風情。這款活潑嶄新的塗裝出自曾為3家新設立的航空公司設計塗裝的小關資朗之手。公司名稱在2011年改成「空之子航空」，使用「開心果綠」作為企業識別色，並換上現在的清爽風格塗裝。醒目大字體是近年來流行的設計，機腹處也寫有公司名稱。

富士夢幻航空
Embraer175　JA09FJ

富士夢幻航空的每架飛機塗裝皆不同，新購入的飛機會透過問卷決定塗裝的顏色。有些飛機則與企業簽有贊助合約，例如1號機為Chateraise，3號機為櫻桃小丸子，4號機則是松本市吉祥物Alpchan。1號機的企業識別色是紅色，2號機淺藍色，3號機桃紅色，4號機翠綠色，5號機橘色，6號機紫色，7號機黃色，8號機淺綠色等，16架飛機共有15種顏色。另外，靜岡機場等地報到櫃台後方的時間表，會列出當天飛來的飛機是何種顏色。

伊別克斯航空
Bombardier CRJ700　JA07RJ

總部位在仙台，起初名為Fair Inc.，塗裝是由小關資朗所設計。設計的重點在於「洋紅色」，當時在日本沒有航空公司使用過這個顏色。尤其主翼下方也漆成了洋紅色，因此由下往上看時也令人印象深刻。伊別克斯航空的塗裝在美國的飛機影片製作公司選出的飛機塗裝排行榜中也有上榜，並被評為「帶紐約特色的城市美學」。在目前的版本，垂直尾翼上IBEX的「B」為中空文字。

星悅航空
Airbus A320-214　JA24MC

黑色雖然能呈現高級感及時尚感，但如果沒處理好會給人陰暗的感覺，不容易駕馭。但星悅航空藉由黑白配，營造出了更高雅的氣息。設計師為Flower Robotics的松井龍哉。垂直尾翼寫有星悅航空的縮寫「SF」，並且為左右兩側色彩不對稱的設計。該設計公司的理念為「Mother Comet」，希望帶給乘客母親般的安詳舒適感，2006年獲得了日本產業振興會的優良設計獎。

東方空橋
Bombardier DHC-8-201　JA802B

公司名稱象徵「連接長崎的離島與本土的空中橋樑」之意，機身塗裝使用了代表天空的天藍色、島嶼的翡翠綠、海洋的海藍色，美觀而不會太過花俏，很符合區域航線航空公司的風格。垂直尾翼上的公司名稱以前寫的是Oriental Air，現在則寫上了全名。過去還叫長崎航空時，使用樸素的黃藍塗裝布里頓-諾曼BN-2島民客機執飛。

獨立公司

天草航空
ATR42-600　JA01AM

來自熊本縣天草的天草航空，僅靠著一架DHC-8起步。2000年開始營運時，以天草可以看到的海豚在海面跳躍為意象，設計出了活潑華麗的機身彩繪，後來改為接近現在的版本。接續DHC-8引進的ATR42也沿用了相同塗裝。機頭部分畫出海豚的臉，機尾則畫上海豚的尾巴，塗白的圓圈內寫上了公司縮寫AMX。飛機雖小，但在機場相當有人氣。

新中央航空
Dornier228-212　JA36CA

在目前服役中的多尼爾228亮相時，推出了這款在垂直尾翼畫上飛魚圖案的塗裝，很符合該公司經營調布與伊豆群島航線的形象。機腹漆成藍色搭配綠色線條的設計也相當清爽。過去使用的布里頓-諾曼BN-2島民僅以藍色與淺藍色線條裝飾，讓人覺得不太像是客機，現在相形之下親切多了。

ZIPAIR TOKYO
Boeing787-8　JA822J

廉價航空

2020年6月開始營運，是日本航空新設立的中長程廉價航空。公司名稱的「Z」帶有追求極致的意思。機身側面窗戶部分漆上與企業識別色相同的綠色線條是1980年代流行的設計，營造出有如箭矢般呼嘯飛過（ZIP）的感覺。ZIPAIR的字體與漆成淺灰色的垂直尾翼打造出現代感，讓整體造型不會顯得太老氣。

捷星日本航空
Airbus A320-232　JA14JJ

塗裝基本上與澳洲本國以及新加坡的捷星航空相同，銀色機身上繪有「Jetstar★」標誌，垂直尾翼則是「Jet★」，使用了2種標誌，相當有意思。捷星集團的標誌過去是「jetstar.com」，後來變成了醒目大字體，又改為現在的版本。第一架放上「Jetstar★」標誌的飛機，是捷星日本航空旗下的首架飛機（JA01JJ）。

樂桃航空
Airbus A320-214 JA04VA

以清新形象為策略的樂桃航空使用了符合公司名稱的桃紅色，以及洋紅色、粉紅色打造機身彩繪。品牌設計出自日本Creative Intelligence Associates，飛機的塗裝則是美國建築師德納里（Neil Denari）所設計，巧妙運用了日本的航空公司過去不曾出現的紫色、洋紅色、粉紅色，表現出可愛、帥氣、歡樂的感覺。垂直尾翼的粉紅色與品紅色漩渦狀花紋則更添動感形象。

春秋航空日本
Boeing737-8AL JA06GR

此款塗裝使用了母公司春秋航空綠色的企業別識別色，再加上清爽的黃綠色。垂直尾翼上的是春秋集團的3個「S」組合圖案，機身起初有「SPRING AIRLINES JAPAN」、「春秋航空日本」等字樣，2019年小改款後加大了「SPRING」，JAPAN的字體則縮小，淡化日本的色彩。2021年隨著公司更名，由「JA05GR」號機開始陸續將塗裝換成「SPRING JAPAN」。

Airbus A320-214 JA02DJ

日本亞洲航空

ANA與馬來西亞的亞洲航空在2012年時合資所成立，但最後兩家公司分道揚鑣，日本亞洲航空最後變成了ANA出資的香草航空。馬來西亞的亞洲航空則二度進軍日本，再次成立日本亞洲航空，披上亞洲航空集團共通的塗裝，於2017年開始提供服務。駕駛艙下方的國旗為日本國旗，而非集團母國馬來西亞的國旗。機身兩側的字樣不同，左側為「airasia」，右側則為「Now Everyone Can Fly」。

Airbus A320-214 JA01DJ

不放過任何宣傳行銷的機會

最新潮流是機腹塗裝

空之子航空

Boeing737-81D　JA808X

特色是將標誌放在機腹靠前處，避開了收納機身輪的部分。雖然尺寸因此比較小，但在放下起落架時也還是能完整看見，而且比較不容易受到推力反向器產生的髒污影響。拍攝時間：2020年2月　日本羽田機場

在過去的觀念裡，客機的塗裝範圍僅限於機身兩側與垂直尾翼，但如今有越來越多航空公司開始著墨在機腹放上公司名稱。飛機起降時，地面上的人如果抬頭看到了機腹的公司名稱或標誌，就可以馬上知道這是哪一家航空公司的飛機，因此在機腹加上塗裝看來是很合理的選擇。但機腹部分的塗裝作業難度較高，而且容易因為機油、推力反向器在雨天時運行而沾上髒污等，因此在1990年代以前，客機的機腹都是漆成灰色。近年來則已經對此沒有那麼在意，趨勢似乎是更想要透過機腹的部分替公司做宣傳。

負責替航空公司設計飛機塗裝的人，都是絞盡腦汁思考該將公司名稱Logo放在飛機的哪個位置才能吸引目光，並營造出有品味、符合企業形象的觀感。我身為天馬航空的創始成員之一，曾參與波音767-300ER的引進，在思考如何設計飛機的塗裝時，也討論過「飛機停在登機門時，旅客會看到機頭的部分，那要不要乾脆在駕駛艙上方加上公司名稱？」的想法，並委託波音公司旗下的提格（Teague）設計公司提供協助。但最後出於從側面看的效果僅是差強人意、（公司起步之初）無法用到有空橋的登機門等原因，這個想法並未付諸實行。

雖然塗裝的設計就是像這樣不斷在錯誤中嘗試，但當時還沒有在機腹畫上標誌的構想。近年來，中東的廉價航空等二三線的航空公司也開始注意機腹的塗裝，這已經成為了全球熱潮。下次有飛機飛過頭上時，別忘了確認一下機腹的設計。

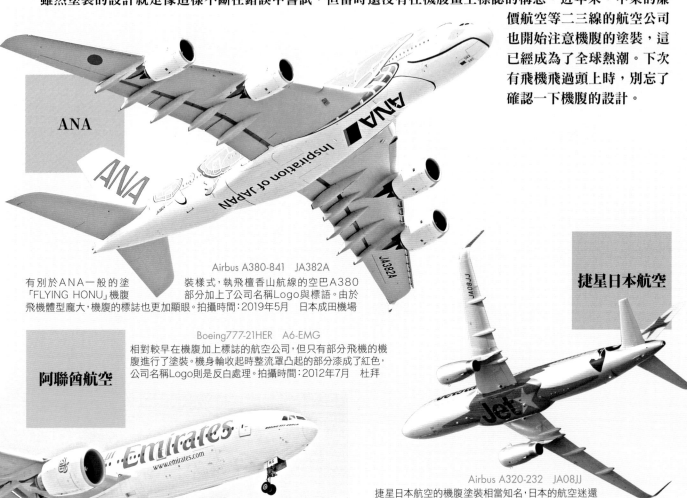

ANA

Airbus A380-841　JA382A

有別於ＡＮＡ一般的塗裝樣式，執飛檀香山航線的空巴Ａ380「FLYING HONU」機腹部分加上了公司名稱Logo與標語。由於飛機體型龐大，機腹的標誌也更加顯眼。拍攝時間：2019年5月　日本成田機場

捷星日本航空

阿聯酋航空

Boeing777-21HER　A6-EMG

相對較早在機腹加上標誌的航空公司，但只有部分飛機的機腹進行了塗裝。機身輪收起時整流罩凸起的部分漆成了紅色，公司名稱Logo則是反白處理。拍攝時間：2012年7月　杜拜

Airbus A320-232　JA08JJ

捷星日本航空的機腹塗裝相當知名，日本的航空迷還取了「機腹Jet」的暱稱。橘色的企業識別色運用得相當巧妙，與標誌做出了完美搭配。拍攝時間：2013年7月　日本成田機場

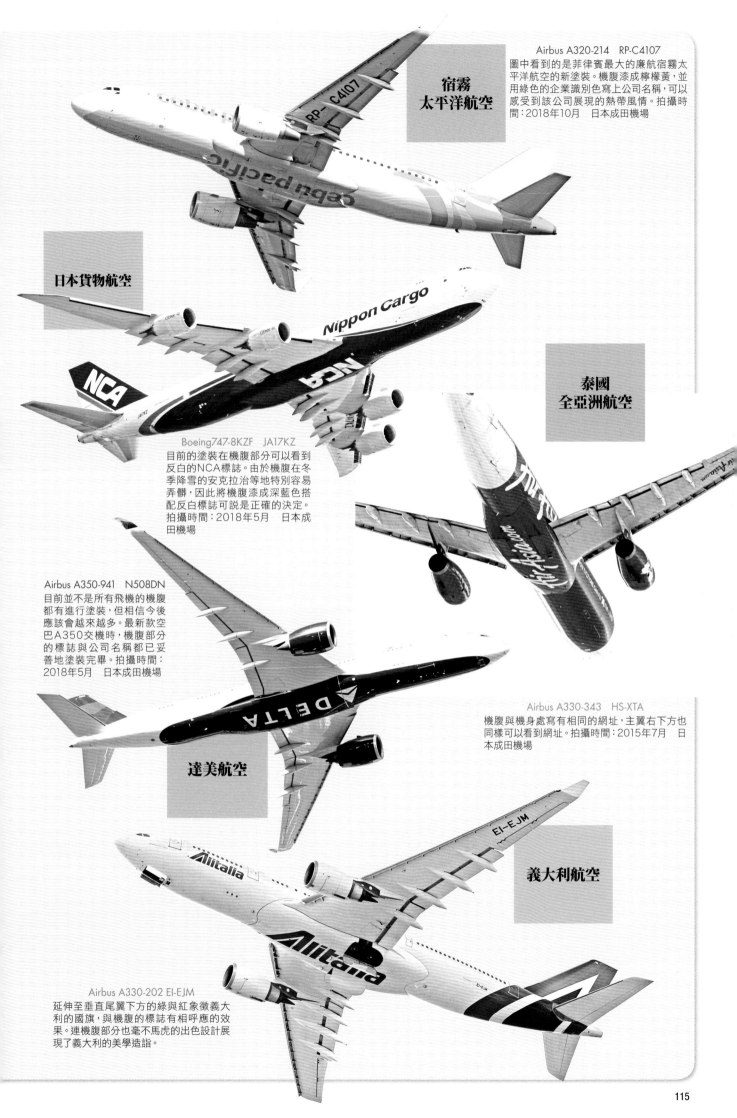

宿霧太平洋航空

Airbus A320-214　RP-C4107
圖中看到的是菲律賓最大的廉航宿霧太平洋航空的新塗裝。機腹漆成檸檬黃，並用綠色的企業識別色寫上公司名稱，可以感受到該公司展現的熱帶風情。拍攝時間：2018年10月　日本成田機場

日本貨物航空

泰國全亞洲航空

Boeing747-8KZF　JA17KZ
目前的塗裝在機腹部分可以看到反白的NCA標誌。由於機腹在冬季降雪的安克拉治等地特別容易弄髒，因此將機腹漆成深藍色搭配反白標誌可說是正確的決定。拍攝時間：2018年5月　日本成田機場

Airbus A350-941　N508DN
目前並不是所有飛機的機腹都有進行塗裝，但相信今後應該會越來越多。最新款空巴A350交機時，機腹部分的標誌與公司名稱都已妥善地塗裝完畢。拍攝時間：2018年5月　日本成田機場

達美航空

Airbus A330-343　HS-XTA
機腹與機身處寫有相同的網址，主翼右下方也同樣可以看到網址。拍攝時間：2015年7月　日本成田機場

義大利航空

Airbus A330-202 EI-EJM
延伸至垂直尾翼下方的綠與紅象徵義大利的國旗，與機腹的標誌有相呼應的效果。連機腹部分也毫不馬虎的出色設計展現了義大利的美學造詣。

各國行政專機

氣勢與格局超越一般民航機

　　從各國的總統或政府部門專機觀察一個國家想要塑造的形象，是一件很有意思的事。沙烏地阿拉伯等中東產油國展現的大手筆更是令人嘆為觀止，不只是國王，每位王室要員也都擁有自己的新型專機，並有專門負責飛航王室專機的航空公司。甚至會因為買了新飛機而新蓋一座機棚。也有國家雖然只是用一般的包機，但或許是虛榮心作祟，還會特地發布「出於安全考量，我國專機禁止攝影」的官方聲明。

　　另外還有只是在包機貼上國旗就當作「專機」蒙混，或是因為好面子而購入與自身格局不符的最新特別機型案例等，彰顯國家威嚴用的行政專機其實也發生了許多有趣的故事。

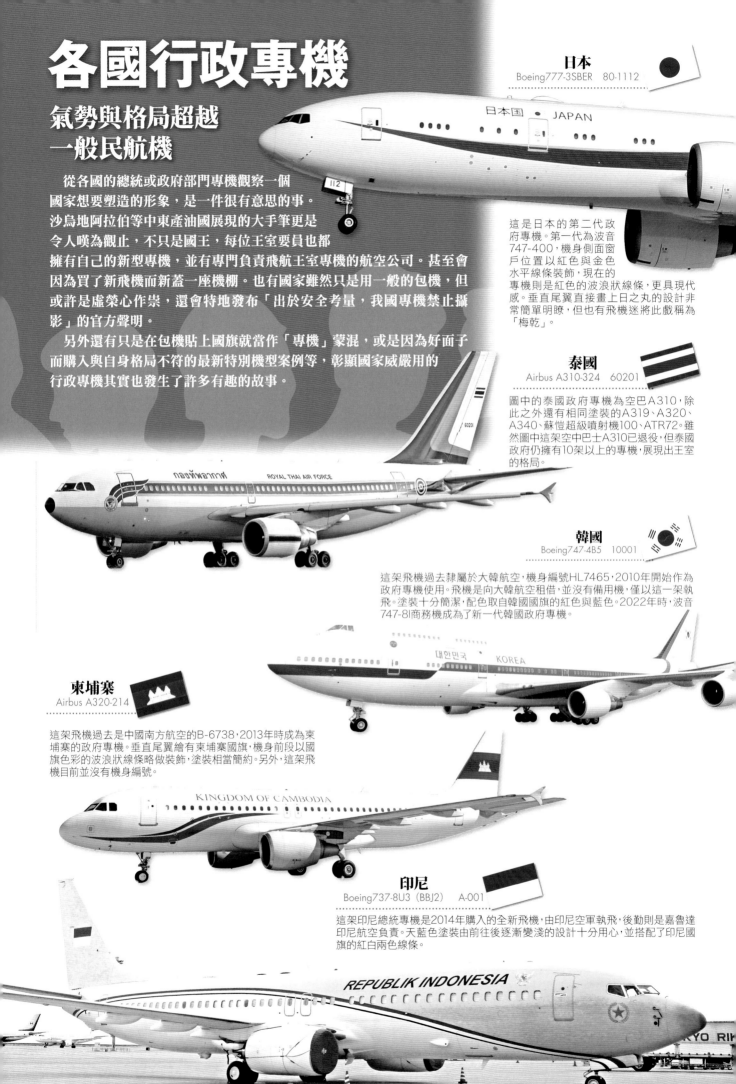

日本
Boeing777-3SBER　80-1112

這是日本的第二代政府專機。第一代為波音747-400，機身側面窗戶位置以紅色與金色水平線條裝飾，現在的專機則是紅色的波浪狀線條，更具現代感。垂直尾翼直接畫上日之丸的設計非常簡單明瞭，但也有飛機迷將此戲稱為「梅乾」。

泰國
Airbus A310-324　60201

圖中的泰國政府專機為空巴A310，除此之外還有相同塗裝的A319、A320、A340、蘇愷超級噴射機100、ATR72。雖然圖中這架空中巴士A310已退役，但泰國政府仍擁有10架以上的專機，展現出王室的格局。

韓國
Boeing747-4B5　10001

這架飛機過去隸屬於大韓航空，機身編號HL7465，2010年開始作為政府專機使用。飛機是向大韓航空租借，並沒有備用機，僅以這一架執飛。塗裝十分簡潔，配色取自韓國國旗的紅色與藍色。2022年時，波音747-8I商務機成為了新一代韓國政府專機。

柬埔寨
Airbus A320-214

這架飛機過去是中國南方航空的B-6738，2013年時成為柬埔寨的政府專機。垂直尾翼繪有柬埔寨國旗，機身前段以國旗色彩的波浪狀線條略做裝飾，塗裝相當簡約。另外，這架飛機目前並沒有機身編號。

印尼
Boeing737-8U3（BBJ2）　A-001

這架印尼總統專機是2014年購入的全新飛機，由印尼空軍執飛，後勤則是嘉魯達印尼航空負責。天藍色塗裝由前往後逐漸變淺的設計十分用心，並搭配了印尼國旗的紅白兩色線條。

土耳其
Boeing747-8ZV（BBJ）　TC-TRK

土耳其政府近年購入了波音747-8的商務機版本，常與作為備用機的空巴A330一同出動。機身右側以英文，左側以土耳其文寫上國名，使用土耳其國旗的紅色打造的塗裝相當美觀。

查德
Boeing767-2DXER　P4-CLA

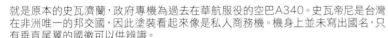

飛機本身屬於逸華航空，機頭部分的國旗貼紙有時會改為剛果或喀麥隆的國旗，營造出「專機」的樣子。由於原本是哈薩克的政府專機，因此內裝為VIP規格，第42屆七大工業國組織會議時曾作為查德政府專機飛往日本。非洲的貧窮國家在「有人幫忙出車馬費」的時候，便會包下專機使用。塗裝採簡約風設計，以便供各個不同國家使用。

就是原本的史瓦濟蘭，政府專機為過去在華航服役的空巴A340。史瓦帝尼是台灣在非洲唯一的邦交國，因此塗裝看起來像是私人商務機。機身上並未寫出國名，只有垂直尾翼的國徽可以供辨識。

史瓦帝尼
Airbus A340-313　3DC-SDF

俄羅斯
Ilyushin Il-96-300　RA-96014

俄羅斯政府專機是由名為Special Flight Detachment的單位負責飛航工作，共有29架飛機。灰色機身上寫有西里爾字母的「俄羅斯」字樣，並畫上俄羅斯國旗的顏色，俄羅斯航空過去也是相同配色。

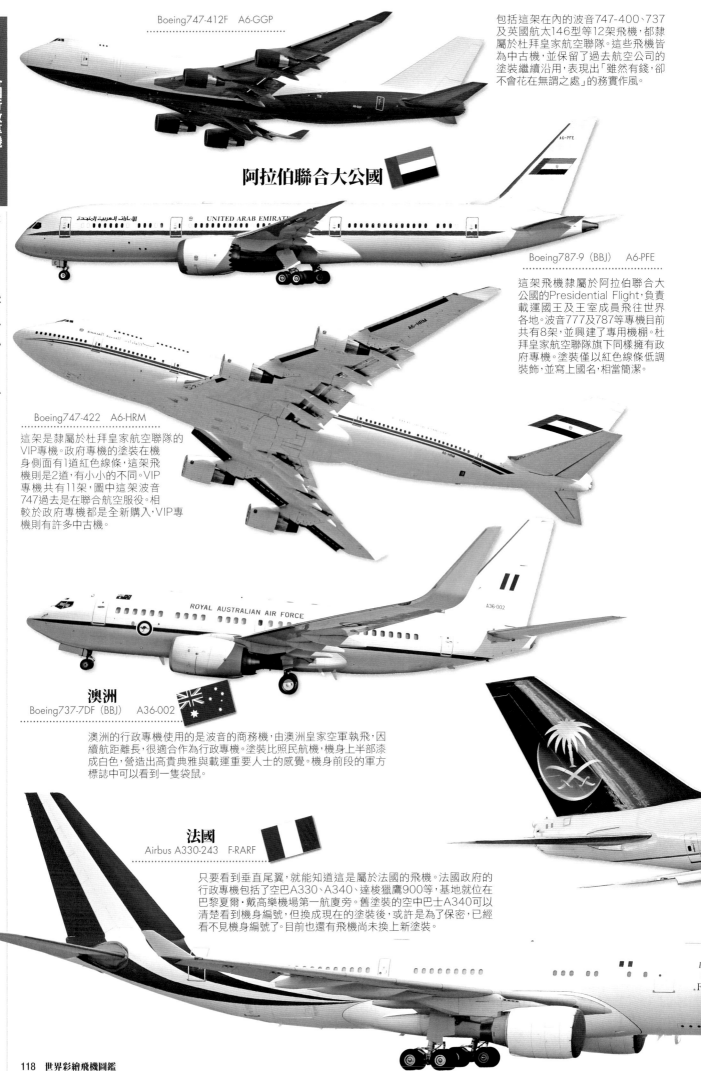

Boeing747-412F　A6-GGP

包括這架在內的波音747-400、737及英國航太146型等12架飛機，都隸屬於杜拜皇家航空聯隊。這些飛機皆為中古機，並保留了過去航空公司的塗裝繼續沿用，表現出「雖然有錢，卻不會花在無謂之處」的務實作風。

阿拉伯聯合大公國

Boeing787-9（BBJ）　A6-PFE

這架飛機隸屬於阿拉伯聯合大公國的Presidential Flight，負責載運國王及王室成員飛往世界各地。波音777及787等專機目前共有8架，並興建了專用機棚。杜拜皇家航空聯隊旗下同樣擁有政府專機。塗裝僅以紅色線條低調裝飾，並寫上國名，相當簡潔。

Boeing747-422　A6-HRM

這架是隸屬於杜拜皇家航空聯隊的VIP專機。政府專機的塗裝在機身側面有1道紅色線條，這架飛機則是2道，有小小的不同。VIP專機共有11架，圖中這架波音747過去是在聯合航空服役。相較於政府專機都是全新購入，VIP專機則有許多中古機。

澳洲
Boeing737-7DF（BBJ）　A36-002

澳洲的行政專機使用的是波音的商務機，由澳洲皇家空軍執飛，因續航距離長，很適合作為行政專機。塗裝比照民航機，機身上半部漆成白色，營造出高貴典雅與載運重要人士的感覺。機身前段的軍方標誌中可以看到一隻袋鼠。

法國
Airbus A330-243　F-RARF

只要看到垂直尾翼，就能知道這是屬於法國的飛機。法國政府的行政專機包括了空巴A330、A340、達梭獵鷹900等，基地就位在巴黎夏爾·戴高樂機場第一航廈旁。舊塗裝的空中巴士A340可以清楚看到機身編號，但換成現在的塗裝後，或許是為了保密，已經看不見機身編號了。目前也還有飛機尚未換上新塗裝。

德國
Airbus A340-313　16+02

德國政府的行政專機被暱稱為「Luftwaffe（德國空軍）」，使用的是曾於漢莎航空服役的飛機，由德國空軍負責飛行。由於機齡較高，因此2018年時曾發生德國總理搭乘專機參加高峰會的途中發生故障，只得改搭民航機的狀況。塗裝則是打安全牌，將德國國旗設計成線條狀裝飾機身。2020年時改由全新的空巴A350-900接班，原本的2架A340功成身退。

BUNDESREPUBLIK　　DEUTSCHLAND

斯洛維尼亞
Airbus A319-115CJ　OY-BYA

斯洛維尼亞的行政專機過去使用的是福克公司的飛機，塗裝與現在相同，2016年時購入了VIP規格的中古機取代。塗裝風格以行政專機而言較為花俏，機身後段畫有斯洛維尼亞的偉人——率領獨立運動的米蘭・什特凡尼克肖像。

SLOVENSKA REPUBLIKA

巴布亞紐幾內亞
Dassault Falcon900EX　P2-ANW

PAPUA NEW GUINEA

圖中的巴布亞紐幾內亞行政專機是在2009年時購入。飛機尺寸雖小，但考量到國力，其實巴布亞紐幾內亞並不需要大型飛機，而且三引擎飛機也能在海上安全地長距離飛行，是理想的選擇。塗裝的感覺與紐幾內亞航空有幾分相似，機身上的國名與不過於張揚的波浪狀線條，看起來相當順眼。

Airbus A340-212　HZ-SKY1

這架飛機在2016年沙烏地阿拉伯王室一行訪日時曾飛來東京，過去為汶萊的行政專機。目前由沙烏地阿拉伯的私人飛機公司Sky Prime負責飛航工作，是王室及政府人士也會搭乘的VIP專機，介於行政專機與非行政專機間的模糊地帶。塗裝十分簡潔而不顯眼，未寫上任何公司名稱或國名。由於過去是汶萊的行政專機，內裝想必相當奢華。

Boeing747-3G1　HZ-HM1A

阿烏地阿拉伯政府目前擁有6架行政專機，其中3架為波音747，分別是747-300、747-400及747SP，機齡雖高，但仍悉心照顧、使用。塗裝幾乎與沙烏地阿拉伯航空相同，不同之處在於機頭部分寫上了「God Bless You」的字樣。

沙烏地阿拉伯

God Bless You

SAUDI ARABIAN السعودية

Boeing787-8　HZ-MF7

Kingdom of Saudi Arabia المملكة العربية السعودية

沙烏地阿拉伯財政部擁有5架波音737與787專機，除了政府自己的行政專機外，有時也會使用財政部的專機。塗裝以白色機身搭配金色與象徵沙烏地阿拉伯國旗的深綠色，垂直尾翼上則有沙烏地阿拉伯的國徽。

Airbus A330-202　A7-HHM

圖中的飛機隸屬於Qatar Amiri Flight，僅以全白機身搭配一圈銀環，刻意淡化國籍色彩。過去曾當作王室女眷專機，也擔任過其他飛機的隨行機，實際定位充滿謎團。

卡達

QATAR القطرية

Airbus A340-343　A7-AAH

Qatar Amiri Flight旗下機隊共有14架專機，無論官方、非官方行程，每年均會飛往日本數次。由於機隊中近半數的飛機與卡達航空的塗裝相同，難以和民航機做出區別。或許是認為飛機這樣比較不顯得招搖。

義大利
Airbus A319-115CJ　MM62209

REPUBBLICA ITALIANA

義大利的行政專機使用的是空巴A319公務機。整架飛機漆成了奶油色，僅加上國名與義大利國旗，風格十分簡約。雖然發動機整流罩上的圓形標誌增添了軍機的感覺，整體風格仍顯得高雅低調。

REINO DE ESPAÑA

T.22-2

45●51

西班牙
Airbus A310-304　T.22-2

這架是由西班牙空軍執飛的VIP專機，過去為法國航空所擁有，2002年時西班牙購入了2架中古機，所以機齡已有30年。但行政專機基本上都會妥善保養檢修，飛行時數也不多，應該不構成問題。塗裝則明顯帶有由軍方負責飛行的行政專機的氣息。這架飛機也曾數度飛往日本。

BAe146-100　ZE701

圖片中的飛機為英國航太公司所製造，是英國皇家空軍少數的VIP專用塗裝機。機身以英國國旗的深藍色與紅色線條裝飾。此機型的續航距離雖然不長，但在昭和天皇的喪禮時曾飛往日本（當時為橘色線條的舊塗裝）。

ZE701

英國

Airbus A330MARTT　ZZ336

英國王室成員及首相常因搭乘廉價航空而登上媒體版面，所以即使是行政專機，有時也會租借給泰坦航空等英國包機公司。有時則是使用英國皇家空軍的飛機，由於是能進行空中加油的軍機，因此漆成了不顯眼的灰色。

ROYAL AIR FORCE

加拿大
Airbus CC-150 Polaris　15001

這架飛機隸屬於加拿大空軍,過去為Wardair與加拿大航空的空巴A310-304民航機。加拿大空軍有多架空巴CC-150北極星,但只有這架機身編號15001為圖中的塗裝。15003的塗裝有2道紅色線條,似乎也可以當行政專機使用。15002、15004、15005則是灰色的軍機塗裝。圖中的飛機過去也曾是灰色塗裝。

紐西蘭
Boeing757-2K2C　NZ7571

這架飛機是向泛航航空購買的中古客機,機身編號NZ7571代表「紐西蘭的第一架波音757」。由於是機身前段為貨艙、後段客艙的客貨混合型,因此塗裝為趨近運輸機的灰色。L2機艙門旁畫有紐西蘭皇家空軍的標誌。

美國
BBoeing VC-25　28000

說到「空軍一號」就會讓人想到美國總統的專機,應該算是全世界最有名的飛機了。圖中這架是波音747改裝成的VC-25,空軍一號為美國總統搭乘時的呼號,因此當美國總統搭乘C-32等其他飛機時,該飛機便是空軍一號。白色與2種天藍色的塗裝與波音707改裝的VC-137時代相同,波音757(C-32)及灣流V(C-37A)等其他飛機也是相同塗裝。

巴西
Embraer190　2590

巴西政府的行政專機主要使用被稱為VC-1A的空中巴士A319公務機。圖中這架代號為VC-2的備用機則是巴西國產的巴西航空工業E190,雖然原本是區域航線用客機,但也曾中途加油飛來日本過。

墨西哥
Boeing787-8　TP-01

這架墨西哥政府的行政專機使用了墨西哥國旗色彩的線條裝飾,從垂直尾翼經機身側面一直到機頭,垂直尾翼上並畫有國徽。飛機本身為最新的波音787,但僅飛行數次後,現任總統便決定出售,所得將用來幫助國內的民眾,後來確定由中亞國家塔吉克買下這架飛機。

波音塗裝

客機製造商親自打造的原廠塗裝

航空器製造商有時會在自家生產的飛機上推出自行設計的「原廠塗裝」。近來無論是新機型的第一號機或是衍生型，必定都會以原廠塗裝亮相。風格也會隨時代呈現不同變化，可由此看出新機型問世當時的時代潮流，相當有意思。波音787及已經改名為SpaceJet的三菱MRJ第一號機首次出現在世人眼前時，成為了鎂光燈焦點的塗裝設計，相信讓許多人都印象深刻。另外，航空器製造商近年來有時也會商請自家客戶，也就是讓航空公司暫時換上原廠塗裝，以達到廣告效果。本單元將介紹波音公司2000年代以來推出過的獨家原廠塗裝。

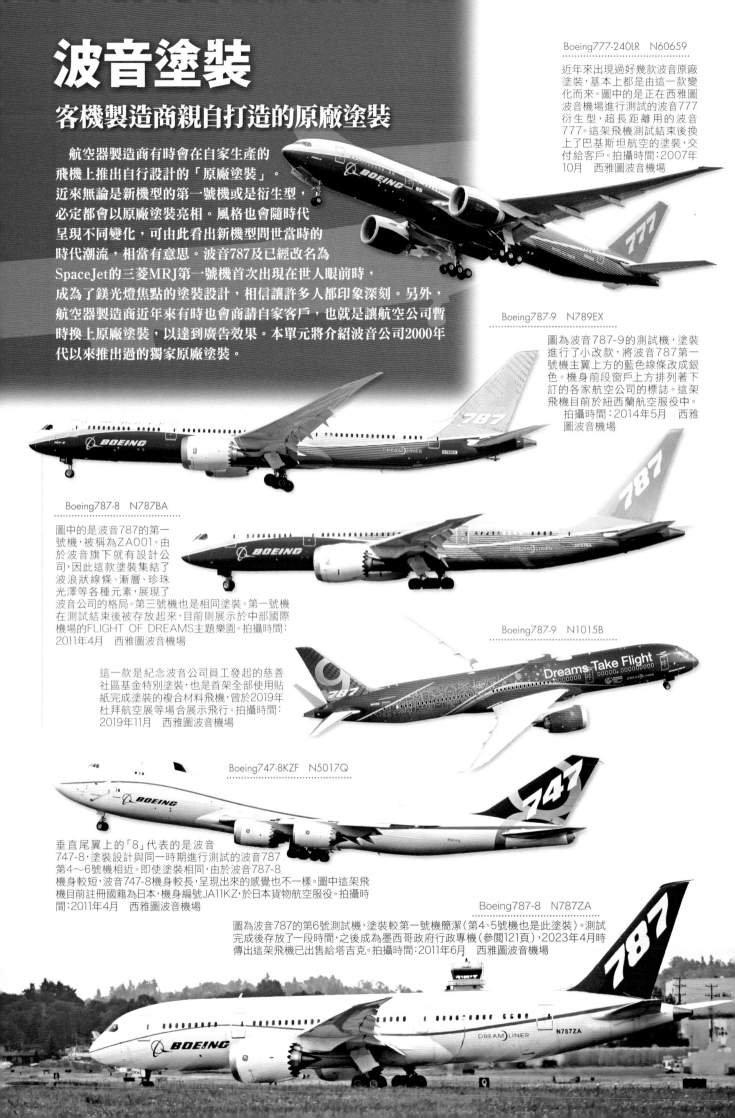

Boeing777-240LR　N60659

近年來出現過好幾款波音原廠塗裝，基本上都是由這一款變化而來。圖中的是正在西雅圖波音機場進行測試的波音777衍生型，超長距離用的波音777。這架飛機測試結束後換上了巴基斯坦航空的塗裝，交付給客戶。拍攝時間：2007年10月　西雅圖波音機場

Boeing787-9　N789EX

圖為波音787-9的測試機，塗裝進行了小改款，將波音787第一號機主翼上方的藍色線條改成銀色。機身前段窗戶上方排列著下訂的各家航空公司的標誌。這架飛機目前於紐西蘭航空服役中。拍攝時間：2014年5月　西雅圖波音機場

Boeing787-8　N787BA

圖中的是波音787的第一號機，被稱為ZA001。由於波音旗下就有設計公司，因此這款塗裝集結了波浪狀線條、漸層、珍珠光澤等各種元素，展現了波音公司的格局。第三號機也是相同塗裝。第一號機在測試結束後被存放起來，目前則展示於中部國際機場的FLIGHT OF DREAMS主題樂園。拍攝時間：2011年4月　西雅圖波音機場

這一款是紀念波音公司員工發起的慈善社區基金特別塗裝，也是首架全部使用貼紙完成塗裝的複合材料飛機，曾於2019年杜拜航空展等場合展示飛行。拍攝時間：2019年11月　西雅圖波音機場

Boeing787-9　N1015B

Boeing747-8KZF　N5017Q

垂直尾翼上的「8」代表的是波音747-8，塗裝設計與同一時期進行測試的波音787第4～6號機相近。即使塗裝相同，由於波音787-8機身較短，波音747-8機身較長，呈現出來的感覺也不一樣。圖中這架飛機目前註冊國籍為日本，機身編號JA11KZ，於日本貨物航空服役。拍攝時間：2011年4月　西雅圖波音機場

Boeing787-8　N787ZA

圖為波音787的第6號測試機，塗裝較第一號機簡潔（第4、5號機也是此塗裝）。測試完成後存放了一段時間，之後成為墨西哥政府行政專機（參閱121頁），2023年4月時傳出這架飛機已出售給塔吉克。拍攝時間：2011年6月　西雅圖波音機場

Boeing777-9　N779XX

這是2020年1月首航的波音777改良衍生型777X系列的其中一架，為波音旗下最新型的客機，以延續了過去風格的波音原廠塗裝亮相。拍攝時間：2019年11月　西雅圖波音機場

Boeing737-890　N512AS

阿拉斯加航空在併購維珍美國航空以前，曾標榜「完全使用波音的飛機」。由於總公司並不在阿拉斯加，而是波音主要工廠所在地西雅圖，因此看來也很合情合理。或許是因為這層關係，可以看到有些飛機是直接披著波音原廠塗裝登場。拍攝時間：2019年11月　洛杉磯

Boeing737-9GPER　PK-LFF

印尼獅子航空是波音737的大客戶，或許是為了顯示雙方的好交情，這架波音737-900ER交機時披上了原廠塗裝。但2018年時最新型的737MAX客機因設計問題而失事墜毀，使得獅子航空開始研擬改用空中巴士的客機，以這款塗裝進行宣傳反而顯得尷尬。拍攝時間：2015年11月　雅加達

Boeing737-8AS　EI-DCL

瑞安航空是來自愛爾蘭的廉價航空，機隊全由波音737組成。或許是為了宣揚這一點，有時會看到披著原廠塗裝的飛機登場。這架飛機在拍攝時是存放於美國的沙漠，不過目前已經回歸服役。拍攝時間：2019年11月　南加州物流機場

Boeing777-309ER　B-18007

這架波音777披著波音的原廠塗裝，與華航的標誌十分相襯。有好幾家航空公司都與波音合作，讓旗下的波音737以原廠塗裝登場，但波音777的例子相當罕見。拍攝時間：2016年7月　台北

Boeing747-409　B-18210

華航曾在2004年～2012年讓旗下的波音747披上波音787的原廠塗裝。雖然波音747-400首度亮相時的原廠塗裝並非這一款，但並不顯得突兀。垂直尾翼上有華航的標誌，但機身並未寫出公司名稱的這一點很有意思。拍攝時間：2007年12月　成田機場

波音公司的原廠塗裝基本上都是使用藍色，不過波音747-8客機型使用了亮橘色。在設計上與波音787、777的原廠塗裝一樣，但換了顏色，給人的印象也大不相同。這架飛機曾當作測試機使用一段時間，後來成為了科威特的行政專機。拍攝時間：2011年4月　西雅圖波音機場

Boeing747-8　N6067E

到底哪裡不一樣?
不斷進行小改款的航空公司

有些航空公司的機身彩繪曾進行過大幅修改,但有更多航空公司保留了原本的意象,只有稍微更改企業識別。其中一個例子就是ANA,只有將機身上的公司名稱Logo從「全日空」改成「ANA」,自1982年11月以來就一直使用現在的藍色塗裝。這個單元要介紹的就是不曾改變主要形象,塗裝僅進行了小幅修改的航空公司。你分得出來哪一款是現在的塗裝,過去和現在又有何不同嗎?

Boeing777-328ER F-GSQB
這是從1970年代起就使用於協和號及波音747等客機的設計,也是現在流行的全白機身先驅。1990年代曾嘗試在窗戶附近加上銀色線條,最後並未正式採用。全白機身搭配公司名稱Logo與象徵國旗的垂直尾翼塗裝,在現代看來也絲毫不顯得落伍。拍攝時間:2010年1月 日本成田機場

法國航空

Boeing777-328ER F-GZNC
2009年亮相的小改款版本是配合空中巴士A380的登場時機推出的。公司名稱的字體變得較為柔和,旁邊並加上了紅色標誌。垂直尾翼的三色線條底部也設計成帶有向前方流動般的感覺。這款塗裝目前仍在使用。拍攝時間:2016年1月 日本成田機場

Airbus A340-313 HB-JMI
以「SR」代碼為人熟知的瑞士航空破產停飛後,新成立的瑞士國際航空在2002年以這款塗裝登場。在公司名稱SWISS旁有羅曼什語、英語、法語、義大利語等四種瑞士國家語言的標示,風格十分簡潔。4具發動機上也都漆有標誌。拍攝時間:2011年9月 日本成田機場

Airbus A340-313 HB-JMH
2013年進行小改款後,拿掉了發動機整流罩上的標誌,垂直尾翼的瑞士國旗則變得更為醒目。拍攝時間:2014年12月 日本成田機場

瑞士國際航空

Airbus A340-313 HB-JMJ
目前的塗裝是在2016年亮相,公司名稱改以醒目大字體書寫,更加強調品牌標誌。首架換上這款塗裝的飛機為波音777-300ER。瑞士國際航空目前已成為漢莎航空集團的一員。拍攝時間:2013年9月 日本成田機場

Boeing777-243ER I-DISO
這款塗裝是在1970年代波音747交機時首度登場。垂直尾翼使用了義大利國旗的配色，綠色線條一直延伸至駕駛艙下方。公司名稱Logo則為黑色。拍攝時間：2010年9月 日本成田機場

義大利航空

Airbus A330-202 EI-EJG
2005年亮相的這款塗裝將公司名稱改成了綠色，字體也變成稍微帶有斜體的感覺。垂直尾翼的部分維持不變，線條延伸的位置則由窗戶改為窗戶下方。拍攝時間：2010年8月 日本成田機場

Boeing777-243ER I-DISU
目前使用的塗裝是在2015年亮相，由朗濤品牌諮詢公司操刀設計。機身顏色變成了帶有珍珠色的色彩，一般認為這是因為阿提哈德航空是義大利航空的大股東，所以使用了象徵該公司的奶油色。另外，垂直尾翼的紅色部分及其前方也加上了數道斜線，設計相當用心。機腹部分也漆有公司名稱Logo。拍攝時間：2016年5月 日本成田機場

Boeing747-406M PH-BFS
荷蘭皇家航空自1971年起，使用了以天藍、深藍、白為主的塗裝約30年，這也是1990年代荷蘭皇家航空最具代表性的塗裝。整體風格均衡協調，成功營造了荷蘭皇家航空的形象。拍攝時間：2006年12月 日本成田機場

Boeing777-206ER PH-BQD
2002年登場的這款塗裝將深藍色線條改細，讓過去包住窗戶的水平線條變得更有現代感，機身前段的KLM標誌則稍微往後移。機身後段則依舊寫有「Flying Dutchman」字樣。拍攝時間：2009年7月 日本成田機場

荷蘭皇家航空

Boeing777-306ER PH-BVS
2014年時機身前段的塗裝改成了帶有弧度的曲線，原本以小字書寫的Royal Dutch Airlines字樣與KLM標誌放在一起，位置更為顯眼。目前使用的便是這個版本的塗裝。拍攝時間：2018年5月 日本成田機場

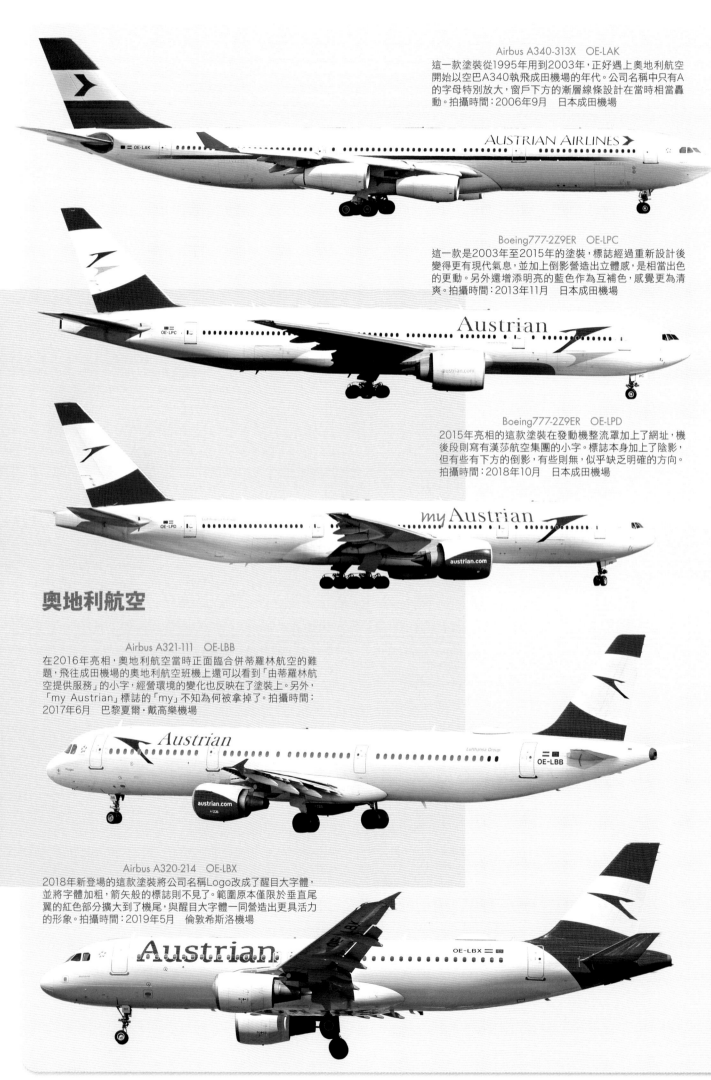

Airbus A340-313X　OE-LAK
這一款塗裝從1995年用到2003年，正好遇上奧地利航空開始以空巴A340執飛成田機場的年代。公司名稱中只有A的字母特別放大，窗戶下方的漸層線條設計在當時相當轟動。拍攝時間：2006年9月　日本成田機場

Boeing777-2Z9ER　OE-LPC
這一款是2003年至2015年的塗裝，標誌經過重新設計後變得更有現代氣息，並加上倒影營造出立體感，是相當出色的更動。另外還增添明亮的藍色作為互補色，感覺更為清爽。拍攝時間：2013年11月　日本成田機場

Boeing777-2Z9ER　OE-LPD
2015年亮相的這款塗裝在發動機整流罩加上了網址，機後段則寫有漢莎航空集團的小字。標誌本身加上了陰影，但有些有下方的倒影，有些則無，似乎缺乏明確的方向。拍攝時間：2018年10月　日本成田機場

奧地利航空

Airbus A321-111　OE-LBB
在2016年亮相，奧地利航空當時正面臨合併蒂羅林航空的難題，飛往成田機場的奧地利航空班機上還可以看到「由蒂羅林航空提供服務」的小字，經營環境的變化也反映在了塗裝上。另外，「my Austrian」標誌的「my」不知為何被拿掉了。拍攝時間：2017年6月　巴黎夏爾・戴高樂機場

Airbus A320-214　OE-LBX
2018年新登場的這款塗裝將公司名稱Logo改成了醒目大字體，並將字體加粗，箭矢般的標誌則不見了。範圍原本僅限於垂直尾翼的紅色部分擴大到了機尾，與醒目大字體一同營造出更具活力的形象。拍攝時間：2019年5月　倫敦希斯洛機場

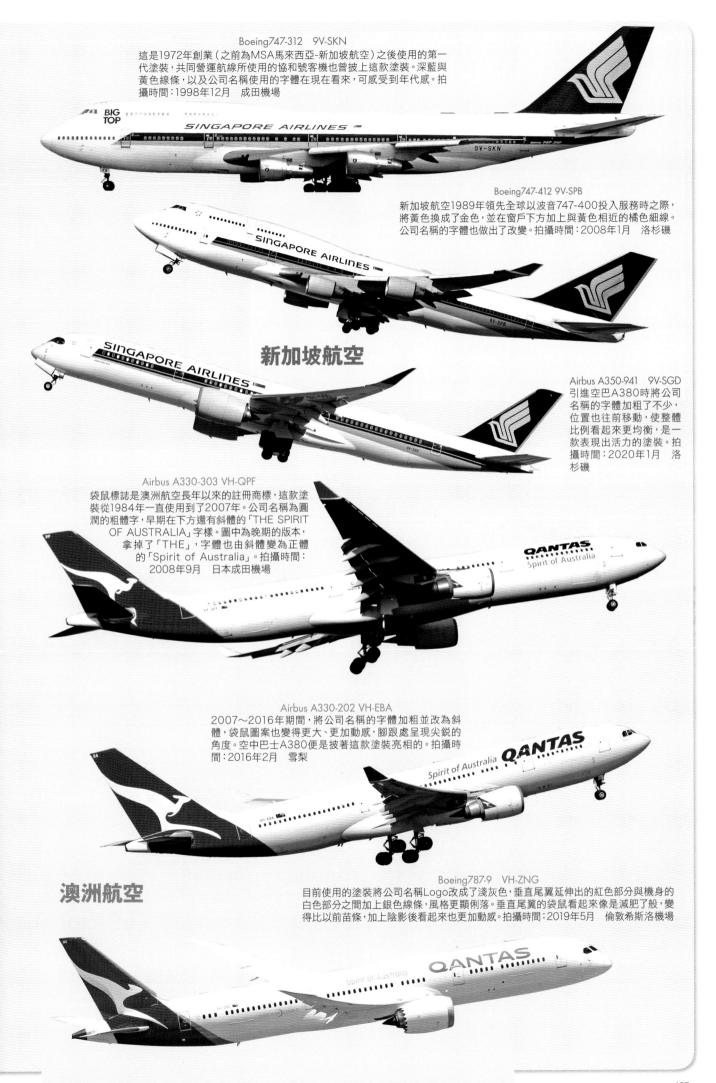

Boeing747-312　9V-SKN
這是1972年創業（之前為MSA馬來西亞-新加坡航空）之後使用的第一代塗裝，共同營運航線所使用的協和號客機也曾披上這款塗裝。深藍與黃色線條，以及公司名稱使用的字體在現在看來，可感受到年代感。拍攝時間：1998年12月　成田機場

Boeing747-412 9V-SPB
新加坡航空1989年領先全球以波音747-400投入服務時之際，將黃色換成了金色，並在窗戶下方加上與黃色相近的橘色細線。公司名稱的字體也做出了改變。拍攝時間：2008年1月　洛杉磯

新加坡航空

Airbus A350-941　9V-SGD
引進空巴A380時將公司名稱的字體加粗了不少，位置也往前移動，使整體比例看起來更均衡，是一款表現出活力的塗裝。拍攝時間：2020年1月　洛杉磯

Airbus A330-303 VH-QPF
袋鼠標誌是澳洲航空長年以來的註冊商標，這款塗裝從1984年一直使用到了2007年。公司名稱為圓潤的粗體字，早期在下方還有斜體的「THE SPIRIT OF AUSTRALIA」字樣。圖中為晚期的版本，拿掉了「THE」，字體也由斜體變為正體的「Spirit of Australia」。拍攝時間：2008年9月　日本成田機場

Airbus A330-202 VH-EBA
2007～2016年期間，將公司名稱的字體加粗並改為斜體，袋鼠圖案也變得更大、更加動感，腳跟處呈現尖銳的角度。空中巴士A380便是披著這款塗裝亮相的。拍攝時間：2016年2月　雪梨

澳洲航空

Boeing787-9　VH-ZNG
目前使用的塗裝將公司名稱Logo改成了淺灰色，垂直尾翼延伸出的紅色部分與機身的白色部分之間加上銀色線條，風格更顯俐落。垂直尾翼的袋鼠看起來像是減肥了般，變得比以前苗條，加上陰影後看起來也更加動感。拍攝時間：2019年5月　倫敦希斯洛機場

復古塗裝

溫故知新——從舊日塗裝認識航空公司的歷史

　　客機的機身彩繪往往反映了最新潮流，但有些歷史悠久的航空公司會刻意重現剛引進螺旋槳飛機或噴射機時的塗裝，藉此強調自身的歷史。美國的航空公司員工大多對自己的公司十分忠誠，因此航空公司有時會推出因收購、合併而消失的航空公司塗裝，讓所有員工在新公司的領導下團結一致。讓新型飛機披上復古塗裝雖然有種衝突感，但這種反差也別具一番魅力。對於飛行迷而言，這些特別版塗裝更是不可錯過。

荷蘭皇家航空
Boeing737-8K2　PH-BXA

荷蘭皇家航空在2009年迎來了創立90周年，因此推出復古塗裝。垂直尾翼上的字體與現在不同，而深淺兩種藍色則帶有現行塗裝的影子。從這款塗裝也可以看出荷蘭皇家航空長年以來對於自家品牌的用心經營。拍攝時間：2017年6月　巴黎夏爾·戴高樂機場

【Europe】

北歐航空
Airbus A319-132　OY-KBO

2006年交機的空巴A319重現了1960年代的塗裝，機身側面線條的前端為維京長船的船首造型。1960年代披上這款塗裝的DC-8等客機也曾負責日本航線。另外，北歐航空曾協助泰國國際航空營運國際航線，因此1960年代泰國國際航空也曾有飛機披著相同塗裝。拍攝時間：2019年5月　倫敦希斯洛機場

Airbus A321-131　D-AIRX

這一款是為紀念創立50周年推出的復古塗裝，重現了過去洛克希德星座式客機使用的塗裝。垂直尾翼的鶴、黃色與藍色的企業識別色放在現今的空中巴士客機上，也依然顯得穩重有氣勢。拍攝時間：2008年4月　法蘭克福

漢莎航空
Boeing747-8　D-ABYT

為紀念創立60周年，漢莎航空讓當時最新型的波音747-8披上了1970年代古典型波音747交機時的塗裝。雖然機身長度不同，但由於同為波音747，因此絲毫不顯得突兀。拍攝時間：2018年　洛杉磯

Boeing747-436　G-CIVB

英國航空曾推出數款復古塗裝，這一款是1970年代後期英國海外航空（BOAC）與英國歐洲航空（BEA）兩家公司合併後，首度出現British Airways字樣時的版本。古典型波音747、波音707、VC10等客機都曾披上這款塗裝，現身於波音747-400上，相當令人感動。拍攝時間：2019年5月　倫敦希斯洛機場

Boeing747-436　G-BYGC

這是英國航空過去叫作英國海外航空時的塗裝。2019年時為紀念英國航空的前身Aircraft Transport and Travel營運百年，推出了4款復古塗裝，這便是其一。英國航空開始經營日本航線的當時也還叫作英國海外航空。拍攝時間：2019年5月　倫敦希斯洛機場

英國航空

Airbus A319-131　G-EUPJ

這一款是英國航空前身，英國歐洲航空（BEA）的塗裝。英國歐洲航空1974年與BOAC合併後，誕生了現在的英國航空。由於英國歐洲航空專門經營歐洲航線，因此英國航空讓這款塗裝重現於目前負責歐洲航線的主力機種空巴A319。拍攝時間：2019年5月　倫敦蓋威克機場

Boeing747-436　G-BNLY

這一款是1984～1997年使用的塗裝，我年輕時曾在成田機場拍到過。設計出自朗濤品牌諮詢公司，相當有氣勢，垂直尾翼上的徽章展現了王室的威嚴。我當年是用低感光度的正片拍攝的，沒想到還能有機會用最新型的相機拍到這款塗裝。拍攝時間：2019年5月　倫敦希斯洛機場

Beoing757-236　G-CPET

這是英國航空最後一架波音757客機，退役時披上了復古塗裝。設計與波音747-400的100周年塗裝相同，不過公司名稱部分只簡潔有力地寫了British，並自豪地標上757的字樣。拍攝時間：2012年5月　南加州物流機場

愛爾蘭航空
Airbus A320-214　EI-DVM

愛爾蘭的國家航空公司愛爾蘭航空為
紀念創立75周年，推出了1960年代的復古塗裝，機身上方寫有AER LINGUS IRISH
INTERNATIONAL的字樣。垂直尾翼上象徵愛爾蘭的三葉草圖案至今依舊不變。不
過企業識別色從原本用在機身側面水平線條的深藍色變成了三葉草的綠色。拍攝時
間：2019年5月　倫敦希斯洛機場

奧地利航空
Airbus A320-214　OE-LBO

2019年登場的復古塗裝，過去曾出現在1980年代負責維也
納～成田航線的空巴A310上。這款風格簡約的塗裝設計得
相當出色，在現在看來也毫不落伍。拍攝時間：2019年5月
倫敦希斯洛機場

【Europe】

羅馬尼亞航空
Boeing737-78J　YR-BGG

1954年創立的羅馬尼亞航空，在55周
年時推出了復古塗裝作為紀念。這款塗
裝曾在1950年代用於里蘇諾夫Li-2客
機。有意思的是，羅馬尼亞航空在創立
60周年時也是以這款塗裝紀念，只是
將垂直尾翼上的數字換成60。拍攝時
間：2015年3月　阿布達比

西班牙國家航空
Airbus A319-111　EC-KKS

這款塗裝在1960年代曾使用於康維爾
CV440。黑色機鼻、機身側面帶有變化
的線條、垂直尾翼上低調的地球儀與公
司名稱等種種復古元素放到現代的空巴
A319上，呈現了有趣的反差。拍攝時間：
2015年6月　法蘭克福

馬爾他航空
Airbus A320-214　9H-AEI

2014年時迎來創立40周年，重現了1970年代波音720B的塗裝。相關人士表示，這是1974年馬爾他島
飛往倫敦希斯洛機場時使用的塗裝，具有特殊意義。垂直尾翼的馬爾他騎士團徽章圖案目前也依然看得
到。拍攝時間：2019年5月　倫敦蓋威克機場

嘉魯達印尼航空
Boeing777-3U3ER　PK-GIK

這一款是2019年時為紀念創立70周年推出的復古塗裝。截至2020年3月，共有波音777、737及空巴A330等3種機型披上這款塗裝，波音737以外的機型都曾飛來日本。有別於目前使用的藍色，換上橘色的造型除了訴説著嘉魯達印尼航空的歷史，也帶有一種新鮮感。拍攝時間：2019年4月　日本羽田機場

ANA
Boeing767-381　JA602A

ANA從2009年起曾重新推出這款被暱稱為「莫希干」的塗裝約5年。垂直尾翼上的圖案是義大利藝術家達文西構思出的直升機原案，也是ANA過去的標誌。波音727、747SR及洛克希德L-1101等機型都曾披上過這款塗裝，相當令人懷念。不過圖中這架飛機在2016年7月時易主，由AIRDO接手，ANA的復古塗裝飛機就此成為絕響。拍攝時間：2010年8月　日本羽田機場

日本越洋航空
Boeing737-446　JA8999

日本越洋航空在2013年3月至2019年3月推出了這款復古塗裝，可以看到「南西航空」的公司名稱及垂直尾翼上的SWAL字樣。這是從1978年引進波音727-200開始，一直使用到1993年更名為日本越洋航空為止的塗裝，對於沖繩居民及長年拍攝飛機的人而言十分懷念。拍攝時間：2014年5月　日本中部國際機場

巴基斯坦航空
Boeing777-2Q8ER AP-BMG

馬來西亞航空
Boeing737-8H6　9M-MXA

這是為紀念成立40周年時推出的復古塗裝，機身前段的「40」下方寫有「Years of Malaysian Hospitality」字樣。垂直尾翼上的馬來西亞風箏標誌也沿用到了現在。拍攝時間：2015年11月　丹帕沙

在2015年推出60周年紀念的復古塗裝。這是波音720在1960年代使用過的塗裝，L1機艙門旁有小小的60YEARS標誌。這架飛機也常飛來成田機場。拍攝時間：2017年1月　日本成田機場

2015年登場的第一款復古塗裝重現了1971年首架波音747交機時的彩繪圖樣，機身側面漆有橘色線條，垂直尾翼的袋鼠圖案畫上了影子。目前的袋鼠圖案便是從這個演變而來。拍攝時間：2016年2月　雪梨

【Oceania】

澳洲航空

Boeing737-838　VH-XZP

VH-XZP

Boeing737-838　VH-XZQ

澳洲航空的第二款復古塗裝被暱稱為「RETRO ROO II」，重現了1960年代的塗裝。為紀念成立95周年，讓波音737披上了這款當時用於波音707的塗裝，兩者十分相襯，看起來賞心悅目。拍攝時間：2016年2月　雪梨

美國大陸航空

Boeing737-924ER　N75436

為紀念創立75周年，2009年時推出了這款1947年被稱為「Blue Skyway」時代的復古塗裝。這架飛機在2016年時換回了普通塗裝，改為機身編號差一個字（N75435）的波音737披上這款復古塗裝，截至2020年3月時仍持續飛航中。美國大陸航空雖然已被併入聯合航空，但見員工看到這款塗裝應該還是會很開心。拍攝時間：2011年10月　洛杉磯

【America】

捷藍航空

Airbus A320-232　N763JB

1998年才成立的捷藍航空雖然十分年輕，但以「如果1960年代有捷藍航空的話……」為概念推出了這款1960年代風的塗裝。雖然不是真正的復古塗裝，但展現了美國人的創意，而且旅行組合及機組員制服也都以當時的形象呈現，復古得十分徹底。拍攝時間：2020年1月　羅德岱堡

Boeing737-823　N951AA

這款原本是1960年代波音707
的塗裝，美國航空重新推出後
使用到了2016年。拍攝時間：
2014年5月　洛杉磯

Airbus A319-112　N742PS

簡稱PSA的太平洋西南航空成立於1949年，
在1986年被全美航空併購。塗裝的一大特色
是駕駛艙下方畫上了嘴巴，讓機頭呈現笑臉
造型。拍攝時間：2015年1月　鳳凰城

美國航空

近年來推出過數款復古塗裝，都是來自於現在
已併入美國航空旗下的航空公司過去塗裝。其
實這是仿效已經併入美國航空的全美航空以前
的做法。走訪美系航空公司的辦公室會發現，許
多人的辦公桌上都擺著收購、合併前的航空公
司飛機模型。由於對自己過去服務的公司充滿
感情與驕傲，復古塗裝能夠讓這些改朝換代的
員工更有向心力。光從塗裝也可以看出，美國的
航空業龍頭是經過不斷收購、合併才創造出了
現在的巨大規模。

Airbus A319-132　N838AW

這一款是營運基地位在亞利
桑那州鳳凰城，2005年時與
全美航空合併的美西航空當
年最後使用的塗裝。雖然實
際上是美西航空併購全美航
空，但卻是全美航空的名稱
保留了下來。全美航空後來
在2013年與美國航空合併，
步入了歷史。拍攝時間：2015
年1月　鳳凰城

Airbus A321-231　N578AW

這是全美航空在2013年與美國航
空合併前最終的塗裝。過去在美國
待過的人如果看過這款塗裝，應該
都是10年前的事了。看到重新推出
的復古塗裝，當年的快樂回憶也彷
彿歷歷在目。拍攝時間：2018年7
月　丹佛

Airbus A319-112　N745VJ

這是與美國航空合併的全美
航空前身——亞利根尼航空
的復古塗裝。亞利根尼航空在
1946年至1979年以匹茲堡作為營運
基地，在美東建立起了航線網絡，當
時使用的飛機則是波音727及道格拉斯
DC-9。空中巴士的飛機披上這款塗裝
也一樣好看。拍攝時間：2018年7月
華盛頓

這款復古塗裝來自於自
1967年經營至1987年，後
來被美國航空合併的加州
航空。加州航空的營運基
地位在加州橘郡的約翰韋
恩機場，經營溫哥華及芝
加哥等航線。
合併前的最終
塗裝所使用的公司名稱是
AIRCAL。拍攝時間：2020
年1月　邁阿密

Boeing737-823　N917NN

【後記】

　　我開始動筆寫這本書時，全球航空業正積極增班、開設新航線，以因應旅客的成長，航空公司的營收也呈現一路向上的態勢。但就在我完成的2020年3月，新冠肺炎疫情造成了全球航空需求驟降，不斷出現班機取消、停飛，使得航空業面臨前所未有的嚴峻考驗。我深切感受到，當人們無法安心度日，去機場欣賞客機的機身彩繪對我而言也成了遙不可及的事。我誠摯希望疫情早日結束，讓我們回到疫情前的生活，全球客機也能恢復正常飛航。

　　本書記錄了這個時代的各種機身彩繪，若得以作為參考資料提供幫助，身為作者的我將甚感欣慰。也希望這本書能讓讀者對飛機產生興趣，帶給大家一趟美好的紙上旅行。

【世界飛機系列9】

世界彩繪飛機圖鑑
收錄730種特色主題塗裝！

作者／查理古庄
翻譯／甘為治
編輯／林庭安
發行人／周元白
出版者／人人出版股份有限公司
地址／23145新北市新店區寶橋路235巷6弄6號7樓
電話／（02）2918-3366（代表號）
傳真／（02）2914-0000
網址／http://www.jjp.com.tw
郵政劃撥帳號／16402311 人人出版股份有限公司
製版印刷／長城製版印刷股份有限公司
電話／（02）2918-3366（代表號）
香港經銷商／一代匯集
電話／（852）2783-8102
第一版第一刷／2023年8月
定價／新台幣550元
港幣183元

SEKAI NO RYOKAKUKI HOKAKU ZUKAN
© CHARLIE FURUSHO 2020
Originally published in Japan in 2020 by IKAROS PUBLICATIONS LTD.,TOKYO.
Traditional Chinese Characters translation rights arranged with IKAROS PUBLICATIONS LTD.,TOKYO,through TOHAN CORPORATION, TOKYO and KEIO CULTURAL ENTERPRISE CO.,LTD., NEW TAIPEI CITY.

作者介紹

Charlie FURUSHO
查理古庄

專門拍攝客機的航空攝影師。曾於日本國內外航空公司服務，2001年時自行創業成為航空攝影師。以各大航空公司、多座機場的專屬攝影師身份，負責拍攝公關宣傳照及峰會VIP官方隨行攝影等工作。也於相機製造商舉辦的航空攝影講座擔任講師等。只要是能拍到飛機的地方，都會不辭辛勞前往，至今已造訪超過100個國家及地區，去過的機場超過500座。除了是金氏世界紀錄全球搭過最多航空公司的紀錄保持者，也擁有輕型飛機飛行執照。客機相關著作、攝影集超過30本。Canon EOS學園航空攝影教室講師，也是FLIGHT SHOP CHARLIE'S的經營者。
個人網站：www.charlies.co.jp

國家圖書館預行編目資料

世界彩繪飛機圖鑑：收錄730種特色主題塗裝！／查理古庄作；甘為治翻譯.
-- 第一版. -- 新北市：
人人出版股份有限公司, 2023.08
面；公分. --（世界飛機系列；9）

譯自：世界の旅客機捕獲図鑑
ISBN 978-986-461-343-4（平裝）
1.CST：飛機　2.CST：圖錄
447.73025　　　　　　　　112010740